# 知っておきたい
# ～紙パの歴史と現在

# ①

## 紙とは何か

# 人への親和性を備える環境対応型素材

水中に分散させた植物繊維を密に絡ませながら薄く平らに漉き上げ乾燥させたもの。製造方法はこのようにきわめてシンプルなものの、発明以来2000年にも渡り、人類の文化や文明、そして歴史を支えてきたものこそ「紙」である。なぜ、これほど長期にわたり紙が利用されてきたのか。そこには、紙がもつ５つの性質と、その性質から生み出された３大機能をベースとする用途の開発があった。すなわち、①薄く平らで軽く適度な強度をもつ、②折る・曲げる・切るなどの加工が容易、③吸水・吸放湿性をもつ、④焼却が可能、⑤生分解性であるという５つの性質と、それらの性質をもとに生み出された〈記録する〉〈包む〉〈拭く〉という３大機能を活かすことで、印刷用紙や包装用紙、ティシュ、トイレットペーパーなどの製品が開発された。その結果、重く硬いそれまでの粘土板や、携帯に便利とは言えない木簡などからの「紙」への移行は、人から人への情報伝達力を一気に拡大させた。紙がもつ適度な液体吸収力がインキなどによる筆記性を付与させ、加工の容易性が折りや断裁を必要とする製本加工を可能にしたことで、１度に伝えられる情報量は格段に上昇した。そして、グーテンベルグによる活版印刷の発明が情報記録媒体としての「紙」の地位を確固たるものとし、さらに、箱や袋など任意の形状への加工のしやすさが個装・内装・外装材として活躍の場を広げることになり、モノを入れたり詰めたりくるんだり、あるいは丸めてすき間に入れれば緩衝材として利用できるほか、紙の吸放湿性や通気性が内容物の品質維持に役立つ点や、包装材自体を広告媒体として活用できる点も紙の素材価値を高めた。他方、こうした書く（書写）、伝える（伝導）、包む・敷く（保護）、拭く（清拭）という機能以外に、障子紙や襖紙のように軽量性や堅牢性、透光性などを活かした用途もあり、こうした他の素材にはない“マルチな機能”を備えていることが、2000年以上に渡り紙を私たちの生活に欠かせないものにしたと言える。

日本工業規格（JIS）によると、その定義は「植物その他の繊維を膠着（こうちゃく）させて製造したもの」とあることから、羊皮を揉んでつくった羊皮紙や、竹や木を薄く削った竹簡や木簡、また、紙（Paper）の語源といわれるパピルスも、この定義に該当せず、正確には紙と言うことはできない。ただ、その一方で近年は植物繊維以外の素材、例えば合成樹脂をシート状にして印刷・筆記適性を付与した合成紙や、紙と異素材を組み合わせたものも広義の紙として扱われるようになりはじめていることも事実である。

今日の世界では、電子媒体（メディア）が日夜進化を遂げている。ただ、それがあまりにも急速なため、例えばフロッピーディスクのように型遅れのメディアになってしまうと、その駆動装置（ドライブ）がパソコンの標準装備から外れているため、記録しておいた情報を呼び出せなくなるという皮肉な状況も生み出している。これに対し、紙はハードとメディアが一体で、かつ電力を用いることなく情報を読み書きすることができる。しかも、植えれば増える再生産可能な森林資源が原料であり、リサイクルが可能。反面、枚数が増えると重く嵩張り保管スペースが必要となる点は、物理的な保管場所を必要とせず複製・加工が容易で、さらに検索機能に優れる電子媒体に圧される一因ともなっている。ただし、ノルウェーの大学チームが行った研究によると、資料の検索や整理を得意とする電子媒体に対し、手にしたその本の厚みや頁の位置から読んでいる部分が全体のどの辺りになるかを空間的に認識できる紙媒体は、内容を時系列的に把握しやすくなるため、内容を学び記憶・理解するうえでは有利との検証結果もある。紙と画面（ディスプレイ）で異なる人への親和性という観点は、今後の紙の消長を左右する重要な要素になりそうである。

## 紙の歴史 — 世界

# 製紙技術の伝播と原料の変遷

紙の起源については、紀元前3000年の古代エジプト期に使用され“Paper(ペーパー)”の語源にもなっている〔パピルス紙〕がよくあげられるが、パピルス紙はパピルスの茎の髄を薄く削いで縦・横に重ねながらシート状にしたものであり、現在私たちが使用している紙とは構造や製造法が原理的に異なることから、紙の起源とはいいがたいところがある。

一般に紙の始まりとされるのは中国・後漢の紀元105年、和帝に仕える蔡倫（さいりん）の発明によるもの。樹の皮や麻の切れ端、麻のぼろ、魚網などを原料とし、それまで中国で使用されていた木簡や竹簡などに比べると軽量で筆記性に優れ取扱いが簡便で安価につくることができる画期的な技術であった。前漢時代にも麻紙などの紙らしきものはあったが、記録材料として改良を重ねつつも今日に至るまで実用性を維持してきた「紙」の発明はやはり蔡倫の功績と言える。ただ、それが類い希なる技術であったことから時の宮廷が国外への流失を嫌い防いだため、世界への伝播にはかなりの時間を要することになった。アラビアのバクダードに製紙工場が建設されたのは793年のことで、これは751年に中央アジアで唐軍を破ったアラビア軍が捕虜にした中国人より習得した製紙技術によるといわれる。以後徐々に西方へ技術が伝わり、10世紀にエジプトのカイロを中心に亜麻を原料とする製紙工場が多く建設され、欧州では11世紀にアフリカ沿岸地方で発達した製紙技術をスペインに流入したムーア人が伝え、主にバレンシア地方で多くの工場が建設されたのが始まりといわれる。その後、イタリア（1276年）やフランス（1348年）、ドイツ（1390年）、英国（1494年）、オランダ（1586年）へ順次拡大し、1690年ついに大西洋を渡り米国のフィラデルフィアにおいて紙の生産がはじまった。

ただし、この間に使用された原料は植物や樹皮だけでなく使い古された漁網や衣服のぼろなど、国や地域によりさまざまであった。衣服の場合、中国では主に麻を、欧州では綿を使用していたので、麻パルプや綿パルプによる製紙技術がそれぞれで発展。他方、植物も種類によって繊維長や紙にした際の強度・紙質が異なることから、各地で独自の技術や工夫が加えられるようになり、こうした試行錯誤がパルプ製造技術を発展させた。木材パルプを使用した現在の製紙技術が誕生したのは19世紀中頃なので、それまで世界で使用された紙のすべてが「非木材紙」だったということになる。

木材パルプの利用がはじまったのは、ぼろ布や一部の植物だけでは増大する紙の需要を賄いきれなくなったことが背景にある。北欧や北米における針葉樹材を機械的にすりつぶす砕木（GP）法の発明を皮切りに、塩素パルプ法やソーダパルプ法、亜硫酸パルプ（SP）法などが開発されていった。他方、抄紙技術は遡ること15世紀のグーテンベルグ（ドイツ）による活版印刷の発明に伴い大量の印刷物が製作できるようになり紙の需要が急増したことから機械化が進んだ。1798年フランスのニコラス・ルイ・ロベールが長網式抄紙機を発明したことで機械を使った近代製紙法の時代がスタート。その後、1808年英国のフォードリニア兄弟による長網式抄紙機の実用化や、1809年同国のジョン・ディキンソンによる円網式抄紙機の考案と続き、原料の多量入手を可能にした木材のパルプ化と相まって紙の大量生産がはじまった。

また、こうしたパルプ製造技術と抄紙技術の成長は紙パルプ産業の生産スタイルも形づくっていった。すなわち、木材パルプの生産には大量の水と木材が必要となるため、パルプ工場は水と木材資源が豊富な森林地帯の近くにつくり、製紙工場は市場のニーズに合わせた紙の生産のため消費地の近くに建設した。これが、パルプ工場と製紙工場が離れて存在していた紙パルプ産業の生産スタイルにつながった。

## 紙の歴史 — 日本

# 原料調達の歴史でもある日本の製紙産業

日本における紙生産の歴史は西暦610年、推古天皇の時代に高句麗から渡来した僧曇徴（どんちょう）によりもたらされたと伝えられる。日本では紙を神聖視したため、ぼろ布などを原料にすることはせず楮（こうぞ）や三椏（みつまた）、雁皮（がんぴ）など非木材長繊維の靭皮繊維を使用。黄蜀葵（とろろあおい）や糊卯木（のりうつぎ）からとった粘液を使用した流し漉きの技術を生み出すことで、長繊維パルプからでも薄く均一な紙をつくることができるようになり、麻ぼろパルプが主体だった中国や朝鮮の紙と比べ遙かに美しく、きわめて丈夫な「和紙」を完成させることができた。

近代製紙産業が発展したのは明治時代。明治維新により文明開化・殖産興業が国策とされたことで近代製紙技術が急速に導入された。1872（明治5）年に旧広島藩主・浅野長勲が《有恒社》を設立し東京・日本橋に工場を建設、翌年に渋沢栄一が《抄紙会社》（後の王子製紙）を設立し、日本における洋紙（機械抄き）製造業の幕開けとなった。そのほか、明治年間に創業し現存する製紙会社には三菱製紙（1898年）や北越コーポレーション（旧北越製紙1907年）、特種東海製紙（旧東海パルプ1907年）などがある。

洋紙の製造技術導入当初は原料にぼろが使用され、その後はワラも使用されるなどしたが、製紙工場の増加に連れて原料不足になると、木材を原料として使用できる砕木パルプ（GP）や亜硫酸パルプ（SP）の技術が海外から導入された。1889年に《製紙会社》（抄紙会社が改称）が天竜川上流の気田で亜硫酸パルプ製造設備を稼働させ、翌年《富士製紙》が入山瀬工場で砕木パルプ設備を稼働。この後、長年にわたりSP・GPの時代が続き原料には国産の針葉樹が使われるようになり、工場はそれらの資源に恵まれた地帯に建設されるようになった。このように、日本の製紙産業盛衰の経緯はいわば原料調達の歴史でもあり、創成期は資源立地型であったと言える。実際、紙の需要拡大が続くなか日露戦争（1904～05年）後に製紙工場の系列化が進み、製紙会社から改称した王子製紙と富士製紙、樺太工業（1913年創立）による3極化が進んだが、各社とも原料の針葉樹を求めて北海道さらには樺太（サハリン）で工場建設を進め、それがこの時期の規模拡大を支えた。

歴史的にはその後の“昭和恐慌”により製紙業界でも王子製紙・富士製紙・樺太工業の3社合併を生じさせたが、合併後の王子製紙1社で全国洋紙生産量の8割を占める“大王子”と呼ばれる時代が到来し、同体制のもとわが国製紙産業は一段と発展。しかし、第2次大戦後は米国による占領政策下、過度経済力集中排除法によって1949年に王子製紙の3社分割が行われ、苫小牧製紙、十條製紙、本州製紙となり、現在ではその後身こそ現存するものの、3社とも当時の社名は消失している。

戦後復興期を経て大発展期を支えたのは原料対策にあった。まず未利用資源だった国内広葉樹の活用が始まり、SP法から材種を選ばないKP（クラフトパルプ）法が採用されたのもこの時期で、1953年には本格的な晒KPが登場した。古紙の利用は本州製紙（現王子ホールディングス）富士工場で新聞古紙を板紙向けに使用したのが始まりとされる。その後、原料は国内材から専用船を用いた廃材チップやパルプの輸入、すなわち外材へシフトして行き、これにより工場立地は外材輸入に適した“臨海型”が優位となり、他方で古紙利用中心の工場は古紙集荷や製品物流に有利な消費地に近い立地を増やした。こうした原料対策に加え製造方法の改良や抄紙機の大型化・高速化、周辺技術の革新などにより紙生産は増大したが、その一方で世界各地で勃発した国際的なM&Aや、中国の台頭という流れを受けて王子製紙、日本製紙の2大グループが誕生。デジタルコンテンツの普及により限られた内需に対応する製紙業界の役割はいま、より高付加価値化を指向する方向へ進んでいる。

## 世界の紙・板紙 — 生産と消費

# インドなど途上地域では高い伸びが続く

2022年時点における世界の紙・板紙消費量は約4億2,383万t、同じく生産量は約4億1,990万tだった。この需給関係を世界の主要地域（国）別に眺めたのが表1。消費量の構成比をみると、先進地域といわれる欧州(42ヵ国)と北米（2ヵ国）、日本の合計で45%に達する。一方、人口の構成比は欧州＋北米＋日本で17%。つまり、世界で生産される紙・板紙のうち2割足らずの人々が全体の半分弱を消費し、残りの半分強を8割以上の人たちで消費するという構造になっている。その結果が人口1人当たりの平均54kgである。

歴史的にみると、生産量・消費量とも米国の1位時代が長く続いたが、今世紀に入り急ピッチで差を詰めていた中国が09年に逆転、世界No.1の製紙大国となった。22年時点において両国の差は生産量で5,100万t、消費量で5,200万tに拡大している。製紙は素材産業のなかでは欧米諸国の生産シェアが比較的高かったが、中国や新興国の抬頭でそうした構造にも大きな変化が生じている。消費についても同様で、中国の2022年消費量は世界合計の28%を占めており、米国の16%はもとより、欧州全体の22%をも上回っている。つまり、世界の紙の4分の1超は中国が消費していることになる。世界合計に対する生産・消費の割合が10%を超えているのは、この中米2ヵ国のみ。かつては日本も2桁のシェアを保持していたが、アジアや新興途上地域の需給拡大にともなって年々低下し、22年は生産・消費とも5%台にとどまっている。

生産上位国がどんな種類の紙・板紙をどのような割合で消費しているかを眺めたのが表2。紙・板紙の使われ方には各国ごとの特徴があって、中国や米国はパッケージング用紙の割合が高く、日本やドイツはグラフィック用紙のウエイトが高い。各品種ごとに構成比がトップの国をあげると、グラフィック用紙は日本の34%、パッケージング用紙は中国の70%、衛生用紙は米国

表 1. 世界の紙・板紙需給と地域別構成比（2022 年）

| 地域・国 | 人口 | | 紙・板紙消費量 | | 1人当たり名目消費量（kg） | 紙・板紙生産量 | |
|---|---|---|---|---|---|---|---|
| | 千人 | 構成比 | 千t | 構成比 | | 千t | 構成比 |
| 世界合計（175ヵ国） | 7,905,354 | 100.0% | 423,831 | 100.0% | 53.6 | 419,905 | 100.0% |
| 欧　州（42ヵ国） | 850,348 | 10.8% | 95,275 | 22.5% | 112.0 | 103,617 | 24.7% |
| フィンランド | 5,602 | 0.1% | 861 | 0.2% | 153.8 | 7,207 | 1.7% |
| スウェーデン | 10,484 | 0.1% | 1,254 | 0.3% | 119.6 | 8,534 | 2.0% |
| フランス | 68,305 | 0.9% | 8,672 | 2.0% | 127.0 | 7,092 | 1.7% |
| ドイツ | 84,317 | 1.1% | 17,397 | 4.1% | 206.3 | 21,632 | 5.2% |
| イタリア | 61,096 | 0.8% | 10,646 | 2.5% | 174.2 | 8,825 | 2.1% |
| ロシア | 142,022 | 1.8% | 7,347 | 1.7% | 51.7 | 9,508 | 2.3% |
| トルコ | 83,048 | 1.1% | 7,216 | 1.7% | 86.9 | 5,273 | 1.3% |
| ウクライナ | 43,528 | 0.6% | 695 | 0.2% | 16.0 | 515 | 0.1% |
| 英　国 | 67,791 | 0.9% | 7,278 | 1.7% | 107.4 | 3,457 | 0.8% |
| アジア（30ヵ国） | 4,297,528 | 54.4% | 203,379 | 48.0% | 47.3 | 203,753 | 48.5% |
| 中　国 | 1,410,540 | 17.8% | 118,360 | 27.9% | 83.9 | 117,889 | 28.1% |
| インド | 1,389,637 | 17.6% | 17,455 | 4.1% | 12.6 | 17,119 | 4.1% |
| 日　本 | 124,215 | 1.6% | 22,809 | 5.4% | 183.6 | 23,677 | 5.6% |
| 韓　国 | 51,845 | 0.7% | 10,167 | 2.4% | 196.1 | 11,353 | 2.7% |
| 台　湾 | 23,581 | 0.3% | 3,803 | 0.9% | 161.3 | 3,808 | 0.9% |
| インドネシア | 277,329 | 3.5% | 8,249 | 1.9% | 29.7 | 12,628 | 3.0% |
| マレーシア | 33,871 | 0.4% | 3,008 | 0.7% | 88.8 | 2,737 | 0.7% |
| フィリピン | 114,597 | 1.4% | 2,195 | 0.5% | 19.2 | 973 | 0.2% |
| タ　イ | 69,648 | 0.9% | 5,120 | 1.2% | 73.5 | 4,923 | 1.2% |
| ベトナム | 103,808 | 1.3% | 5,964 | 1.4% | 57.5 | 5,144 | 1.2% |
| 中　東（13ヵ国） | 261,131 | 3.3% | 8,471 | 2.0% | 32.4 | 4,449 | 1.1% |
| イラン | 86,758 | 1.1% | 1,231 | 0.3% | 14.2 | 1,109 | 0.3% |
| サウジアラビア | 35,354 | 0.4% | 2,419 | 0.6% | 68.4 | 1,255 | 0.3% |
| オセアニア（8ヵ国） | 44,066 | 0.6% | 3,963 | 0.9% | 89.9 | 3,492 | 0.8% |
| オーストラリア | 26,141 | 0.3% | 3,124 | 0.7% | 119.5 | 2,963 | 0.7% |
| 北　米（2ヵ国） | 375,575 | 4.8% | 72,030 | 17.0% | 191.8 | 75,584 | 18.0% |
| カナダ | 38,233 | 0.5% | 5,548 | 1.3% | 145.1 | 8,651 | 2.1% |
| 米　国 | 337,342 | 4.3% | 66,482 | 15.7% | 197.1 | 66,932 | 15.9% |
| 中南米（33ヵ国） | 656,676 | 8.3% | 30,672 | 7.2% | 46.7 | 23,899 | 5.7% |
| ブラジル | 217,240 | 2.7% | 9,584 | 2.3% | 44.1 | 11,113 | 2.6% |
| チ　リ | 18,430 | 0.2% | 1,594 | 0.4% | 86.5 | 1,147 | 0.3% |
| メキシコ | 129,151 | 1.6% | 9,546 | 2.3% | 73.9 | 6,662 | 1.6% |
| アフリカ（47ヵ国） | 1,402,650 | 17.7% | 10,041 | 2.4% | 7.2 | 5,113 | 1.2% |
| エジプト | 107,771 | 1.4% | 2,734 | 0.6% | 25.4 | 1,981 | 0.5% |
| 南アフリカ | 57,517 | 0.7% | 2,449 | 0.6% | 42.6 | 2,122 | 0.5% |

注）一部推定を含む。消費量・1人当たり消費量は統計上、明白な分のみ抽出。

の14%となる。

他の多くの産業分野と同様、製紙の世界でも中国が2位以下に大差を付けてNo.1の市場を形成する形になっているが、人口1人当たりの年間消費量でみれば米国の197kgに対し中国は84kgと、まだ隔たりが大きい。人口1人当たり消費量の多い30ヵ国を表3に示したが、総じて先進国の方が途上国よりも上位を占めている。22年の世界平均は前記したように54kgだが、175ヵ国中この平均値に届いているのは56ヵ国にとどまり、他の119ヵ国はそれ未満である。さらに年間消費量が10kgに満たない国はアフリカ大陸を中心に58ヵ国もあり、主役が「記録する紙」から「包む紙」や「拭く紙」に変わろうとも、“文化のバロメーター”を自負する紙パルプ産業が今後、途上地域でプレゼンスを発揮しSDGsに貢献していく余地は大きいと考えられる。

最後に、紙・板紙の生産と消費上位

表2. 生産上位国の品種別需要構成比（2022年）

【世界合計】

|  |  |
|---|---|
| 紙・板紙合計 | 100.0% |
| グラフィック用紙 | 21.7% |
| パッケージング用紙 | 65.2% |
| 衛生用紙 | 10.5% |
| その他 | 2.6% |

【中　国】

|  |  |
|---|---|
| 紙・板紙合計 | 100.0% |
| グラフィック用紙 | 19.1% |
| パッケージング用紙 | 70.4% |
| 衛生用紙 | 9.8% |
| その他 | 0.8% |

【米　国】

|  |  |
|---|---|
| 紙・板紙合計 | 100.0% |
| グラフィック用紙 | 18.5% |
| パッケージング用紙 | 65.8% |
| 衛生用紙 | 13.7% |
| その他 | 2.0% |

【日　本】

|  |  |
|---|---|
| 紙・板紙合計 | 100.0% |
| グラフィック用紙 | 33.9% |
| パッケージング用紙 | 54.0% |
| 衛生用紙 | 9.1% |
| その他 | 2.9% |

【ドイツ】

|  |  |
|---|---|
| 紙・板紙合計 | 100.0% |
| グラフィック用紙 | 28.4% |
| パッケージング用紙 | 56.0% |
| 衛生用紙 | 8.4% |
| その他 | 7.2% |

表3. 紙・板紙1人当たり名目消費量の上位30ヵ国　（単位：kg）

| 順位 | 国・地域 | 消費量 22年 | 消費量 21年 | 前年比 |
|---|---|---|---|---|
| 1 | スロヴェニア | 266.6 | 266.8 | △ 0.1% |
| 2 | ベルギー | 236.5 | 277.4 | △ 14.7% |
| 3 | オーストリア | 219.0 | 241.7 | △ 9.4% |
| 4 | ドイツ | 206.3 | 239.9 | △ 14.0% |
| 5 | UAE | 198.2 | 174.4 | 13.6% |
| 6 | 米　国 | 197.1 | 203.7 | △ 3.2% |
| 7 | 韓　国 | 196.1 | 204.7 | △ 4.2% |
| 8 | 日　本 | 183.6 | 185.7 | △ 1.1% |
| 9 | イタリア | 174.2 | 168.7 | 3.3% |
| 10 | ポーランド | 170.3 | 184.8 | △ 7.9% |
| 11 | オランダ | 166.6 | 157.7 | 5.6% |
| 12 | 台　湾 | 161.3 | 183.7 | △ 12.2% |
| 13 | チェコ | 157.7 | 171.3 | △ 7.9% |
| 14 | フィンランド | 153.8 | 178.9 | △ 14.0% |
| 15 | リトアニア | 149.9 | 166.8 | △ 10.2% |
| 16 | カナダ | 145.1 | 144.1 | 0.7% |
| 17 | ニュージーランド | 143.5 | 156.3 | △ 8.2% |
| 18 | スペイン | 140.0 | 141.4 | △ 1.0% |
| 19 | デンマーク | 129.9 | 147.4 | △ 11.8% |
| 20 | フランス | 127.0 | 127.8 | △ 0.7% |
| 21 | エストニア | 126.9 | 126.4 | 0.4% |
| 22 | クロアチア | 125.4 | 129.0 | △ 2.8% |
| 23 | ポルトガル | 121.1 | 119.9 | 1.0% |
| 24 | スウェーデン | 119.6 | 122.1 | △ 2.0% |
| 25 | オーストラリア | 119.5 | 119.7 | △ 0.2% |
| 26 | イスラエル | 109.3 | 109.9 | △ 0.5% |
| 27 | ハンガリー | 108.9 | 104.8 | 3.9% |
| 28 | スイス | 108.2 | 112.1 | △ 3.5% |
| 29 | 英　国 | 107.4 | 112.3 | △ 4.4% |
| 30 | バーミューダ | 102.0 | 90.7 | 12.4% |

30ヵ国を多い順に並べたのが表4。生産では前年比プラスが11ヵ国／マイナスが19ヵ国と後者が多い。これに対して紙・板紙の消費ではプラスとマイナスが15ヵ国ずつと拮抗している。生産ではインドやマレーシア、消費ではインドのほかサウジアラビア、アルゼンチンなどが高い伸びを示している。

表4. 2022年 紙・板紙―生産と消費の上位30ヵ国　（単位：千t、%）

| ＜紙・板紙生産＞ | | | | ＜紙・板紙消費＞ | | | |
|---|---|---|---|---|---|---|---|
| 順位 | 国・地域 | 数量 | 前年比 | 順位 | 国・地域 | 数量 | 前年比 |
| 1 | 中国 | 117,889 | 2.0 | 1 | 中国 | 118,360 | △2.3 |
| 2 | 米国 | 66,932 | △3.2 | 2 | 米国 | 66,482 | △2.7 |
| 3 | 日本 | 23,677 | △1.1 | 3 | 日本 | 22,809 | △1.5 |
| 4 | ドイツ | 21,632 | △6.5 | 4 | インド | 17,455 | 10.3 |
| 5 | インド | 17,119 | 4.9 | 5 | ドイツ | 17,397 | △8.7 |
| 6 | インドネシア | 12,628 | △0.1 | 6 | イタリア | 10,646 | 2.1 |
| 7 | 韓国 | 11,353 | △2.1 | 7 | 韓国 | 10,167 | △3.7 |
| 8 | ブラジル | 11,113 | 3.2 | 8 | ブラジル | 9,584 | △1.5 |
| 9 | ロシア | 9,508 | △2.8 | 9 | メキシコ | 9,546 | 3.4 |
| 10 | イタリア | 8,825 | △8.7 | 10 | フランス | 8,672 | △0.2 |
| 11 | カナダ | 8,651 | △1.0 | 11 | インドネシア | 8,249 | 4.2 |
| 12 | スウェーデン | 8,534 | △4.4 | 12 | ロシア | 7,347 | △3.6 |
| 13 | フィンランド | 7,207 | △16.8 | 13 | 英国 | 7,278 | △4.1 |
| 14 | フランス | 7,092 | △3.7 | 14 | トルコ | 7,216 | 6.1 |
| 15 | メキシコ | 6,662 | 3.6 | 15 | スペイン | 6,603 | 0.8 |
| 16 | スペイン | 6,351 | △4.6 | 16 | ポーランド | 6,486 | △4.8 |
| 17 | トルコ | 5,273 | 2.8 | 17 | ヴェトナム | 5,964 | △5.6 |
| 18 | ポーランド | 5,218 | - | 18 | カナダ | 5,548 | 0.5 |
| 19 | ヴェトナム | 5,144 | △1.5 | 19 | タイ | 5,120 | 3.3 |
| 20 | タイ | 4,923 | △1.4 | 20 | 台湾 | 3,803 | △12.2 |
| 21 | オーストリア | 4,633 | △8.6 | 21 | オーストラリア | 3,124 | 1.1 |
| 22 | 台湾 | 3,808 | △6.3 | 22 | マレーシア | 3,008 | △0.1 |
| 23 | 英国 | 3,457 | △5.0 | 23 | オランダ | 2,898 | 3.2 |
| 24 | オーストラリア | 2,963 | △1.6 | 24 | ベルギー | 2,802 | △11.2 |
| 25 | オランダ | 2,884 | △1.9 | 25 | エジプト | 2,734 | △0.4 |
| 26 | マレーシア | 2,737 | 22.9 | 26 | 南アフリカ | 2,449 | 8.1 |
| 27 | ポルトガル | 2,416 | 3.3 | 27 | サウジアラビア | 2,419 | 14.3 |
| 28 | 南アフリカ | 2,122 | 4.0 | 28 | アルゼンチン | 2,284 | 10.2 |
| 29 | エジプト | 1,981 | 4.5 | 29 | フィリピン | 2,195 | 4.1 |
| 30 | アルゼンチン | 1,858 | 6.4 | 30 | UAE | 1,965 | 20.9 |
| 上位30ヵ国計 | | 394,590 | △0.9 | 上位30ヵ国計 | | 380,610 | △1.3 |
| 世界175ヵ国計 | | 419,905 | △1.0 | 世界175ヵ国計 | | 423,831 | △1.2 |
| 上位30ヵ国の世界合計に占める割合 | | | 94.0% | 上位30ヵ国の世界合計に占める割合 | | | 89.8% |

注）上位30ヵ国計の前年比は2020年の上位30ヵ国計との比較であり、同一国同士の比較ではない。

## 世界の紙パルプ ― 代表的な国と企業

# 北米・北欧勢に割って入る中国の大手

情報を記録するグラフィック用紙や商品を運ぶのに使うパッケージング用紙、そして家庭やオフィスで衛生用途に使われる衛生用紙は日常生活に不可欠な存在だから、それらを作るための製紙工場は世界の至るところにあり、正確な統計はないが、その数は少なく見積もっても四桁にのぼるといわれている。仮に5,000だとすると世界合計の生産量が約4億tだから、1工場平均の年産量は8万tくらいになる計算だ。しかし、それはあくまで平均値であり、実際には国や地域によって、また同じ国・地域のなかでも企業によって1工場当たりの生産量には大きなバラツキがある。

また年間100万t以上を生産するような大企業ともなれば、世界の各地に複数の工場を保有しているのが一般的だ。そこで推定年産量200万t以上の企業を抽出したのが表1。2022年は28社で、ポスト・コロナ時代を見据えた生産体制の見直しや合併・統合の進展などを受けて、200万t超の企業は前年より4社減った。28社の累計生産量1億5,400万tは、世界合計の3分の1強に当たる。

生産上位メーカーの顔ぶれは20世紀まで、日本を除けば先進地域の北米・北欧企業が多くを占めてきた。これには2つの理由がある。1つは、装置産業としての近代的な製紙業は大規模な資本の集積を必要とするので、経済が発達した地域でなければ育ちにくいという事情。もう1つは、紙づくりに不可欠な木材資源が持続可能な形で供給できる地域でなければならないという要素。製紙産業は、この2つの条件のどちらか（できれば両方）を満たす地域で発達してきた。それが北米・北欧だったのである。

表1. 年産200万t以上の企業ランキング（2022年）

| 順位 22年 | 順位 21年 | 会社名 | 連結売上高ランク | 紙・板紙生産量（千t） | 前年比 |
|---|---|---|---|---|---|
| 1 | 1 | 玖龍紙業（ナイン・ドラゴン）ホールディングス | 14 | 15,980 | △ 9.2% |
| 2 | 2 | インターナショナル・ペーパー | 2 | 15,282 | △ 5.7% |
| 3 | 3 | ウエストロック | 1 | 13,621 | △ 4.4% |
| 4 | 4 | スマフィット・カッパ・グループ | 4 | 8,400 | 12.0% |
| 5 | 5 | ストラエンソ | 9 | 6,608 | △ 11.4% |
| 6 | 8 | 山鷹国際 | 23 | 6,148 | 2.1% |
| 7 | 9 | UPM | 5 | 6,134 | 2.2% |
| 8 | 7 | 理文造紙 | 29 | 6,004 | △ 5.3% |
| 9 | 6 | SCGパッケージング・パブリック | 27 | 5,981 | △ 7.9% |
| 10 | 10 | 王子ホールディングス | 7 | 5,751 | 0.2% |
| 11 | 13 | 山東太陽紙業 | 34 | 5,600 | 4.5% |
| 12 | 12 | 山東晨鳴紙業ホールディングス | 26 | 5,200 | △ 5.5% |
| 13 | 15 | サッピ | 16 | 5,047 | 8.2% |
| 14 | 11 | モンディ | 13 | 4,605 | △ 19.4% |
| 15 | 14 | パッケージング・コープ・オブ・アメリカ | 15 | 4,595 | △ 7.2% |
| 16 | 17 | 日本製紙グループ | 28 | 4,375 | △ 4.8% |
| 17 | 16 | イーシッティ | 6 | 3,710 | △ 19.6% |
| 18 | 19 | グラフィック・パッケージング | 12 | 3,697 | 6.0% |
| 19 | 27 | レンゴー | 20 | 3,559 | 39.3% |
| 20 | 18 | 栄成紙業 | 60 | 3,361 | △ 12.7% |
| 21 | 20 | 大王製紙 | 42 | 3,225 | 0.3% |
| 22 | 21 | 中国紙業コーポレーション | 29 | 2,900 | 0.0% |
| 23 | 26 | クラビン | 24 | 2,600 | 0.0% |
| 24 | 24 | シルヴァーモ | 30 | 2,530 | △ 3.8% |
| 25 | 25 | 永豊餘造紙 | 56 | 2,352 | △ 10.4% |
| 26 | 30 | マイヤー・メルンホッフ・カートン | 21 | 2,330 | 12.6% |
| 27 | 29 | ドムター | 22 | 2,083 | △ 4.7% |
| 28 | 35 | ソノコ・プロタクツ | 17 | 2,000 | 5.0% |
| 200万t超の28社合計 <A> | | | | 153,678 | △ 3.4% |
| 世界合計 <B> | | | | 419,905 | △ 1.0% |
| 28社の占める割合（A/B） | | | | 36.6% | |

資料；TAPPI（米国紙パルプ技術協会）「The Paper 360° Top 75」をベースに弊社『週刊Future』誌が集計。日本企業は国内生産分のみでカウント。

## 時代に合わせて変化する製紙産業の適地や発展条件

しかし経済のグローバル化や原料事情の変化につれて、製紙産業が発達するための条件は少しずつ変わってきた。例えば財務内容を公表していないが、生産能力ベースではトップをうかがう位置にある製紙メーカーがAPP。華僑系財閥の同社は本社をシンガポールに置くが、主な製紙工場はインドネシアと中国にある。インドネシアは典型的な途上国で、1人当たりの名目

GDPが2022年時点で4,942ドルと日本（3万3,806ドル）の15％程度。しかし国内には生長が早く紙づくりに適した広葉樹資源が豊富で、こと原料面に関しては紙パルプ製造の適地といえる。一方、一国の紙・板紙消費量と経済規模の間には関連があり、とくに1人当たりの消費量とGDPはほぼ正比例する。したがって国内市場だけをみれば（人口が多いとはいえ）、インドネシアに大規模な工場をつくる意味は薄い。

だが1990年代から急速に生産量を増やしてきたAPPは、最初から世界の市場へ販売（輸出）することを前提に、大型の製紙工場をまずはインドネシア、次いで中国に立ち上げた。同社は現在、欧州や北米・中南米での積極的な企業買収も含め、生産能力拡大のピッチを緩めておらず、優位なコスト競争力を武器にPPC用紙やコート紙、衛生用紙、白板紙などの分野で各地域における販売シェアを高めている。

さらに近年はAPPに限らず、原料資源の確保や新たな市場開拓を主眼に、国境を越えたM&Aを進める企業が先進地域･途上地域を問わず増えている。それはまた、世界経済がますますグローバル化・一体化の様相を呈してきたことの、紙パにおける反映でもあるだろう。

例えば中国では、政府が2021年から古紙を含む固形廃棄物の輸入を全面的に禁止したが、この政策転換を受けて中国の製紙大手は規制の比較的緩やかな近隣のマレーシアやベトナムへ進出したり、北米のパルプ工場を買収したりといった対策を矢継ぎ早に打ってきた。製紙産業発展のための適地や条件は時代とともに変化しており、そうした変化に機敏に対応できたところがマーケットで成功を収めるようになっている。

## 注目されるアジア企業のポテンシャル

中国の製紙工場は推定3,000前後。今世紀に入って年産50万tを超えるような大型の製紙工場が数多く稼働しており、前出の表1でトップの玖龍紙業や6位の山鷹国際、8位の理文造紙などがその代表格。生産の急拡大にともなって、順位も年々上がってきている。こうした近代的な製紙工場は過去四半世紀ほどの間に規模を拡大してきたが、中国には稲ワラ、竹など非木材の原料を使用した小規模工場も今なお多い。これらの工場は生産性が低いだけでなく、環境対策も十分とはいえない。そこで中国政府は近年、大気・河川汚染の発生源とも目されているこれらの小規模工場を強制閉鎖し、環境負荷の少ない木材パルプ原料主体の近代的な製紙産業を育成しようとしている。

さらに22年の生産量が世界7位のUPMは中国・江蘇省常熟にマシン3台で合計年産能力140万tの工場を擁しており、現地法人の芬欧匯川（常熟）は23年の国内生産実績（87万t）で28位に付けている。ただし同社は近年、海外事業の軸足を南米のパルプ事業に置いており、中国事業については新たな投資を手控えている。また国内資本では前出の玖龍紙業(23年国内生産1位)、理文造紙（同3位）の2強時代が長く続いていたが、このところ山東太陽紙業（同2位）や山鷹国際（同4位）が急速に生産量を増やしている。これらにAPP系列の金東紙業（同14位)、海南金海紙パルプ（同17位)、金紅葉紙業（同21位）を加えた中国メーカーの製品は、日本でも認知度が高まってきている。

一方、巨大市場の成長性を見込んで、日本の王子ホールディングスも江蘇省南通市に大型工場を建設、2011年に年産40万tの上質コート紙マシンが稼働したのを皮切りに、14年からは同50万tのパルプ設備が操業を始めている。これにより同工場は、原料パルプから紙までを自製する一貫工場として高い競争力を身につけた。

このほか2014年には北越コーポレーションも、連結子会社を通じて中国・広東省江門市で古紙を主原料とする白板紙設備を稼働させたが、国内の厳しい市場環境のもとで業績の低迷が続いたことから、24年3月末に保有株式の90%を香港の古紙リサイクル会社に譲渡、事実上撤退した。巨大市場であるがゆえの難しさを物語る事例といえるだろう。

2022年の連結売上高をベースとした世界紙パルプ企業トップ75社のランキングから、日本企業とアジア企業を抽出したのが表2と表3。アジア企業の売上規模はまだ相対的に小さく、製品や事業の高付加価値化という点で課題はあるものの、すでに15社が名を連ねており将来的なポテンシャルは高い。

## 変化の激しい市場に大型M&Aで対応

これら新興地域の製紙企業に対し、古くから独自の製品と戦略で日本市場に地歩を築いてきたのが北米・北欧の製紙メーカーである。まず、インターナショナル・ペーパー（IP、22年の世界生産2位）、ウエストロック（同3位）、パッケージング・コープ・オブ・アメリカ（同15位）などの米国勢は主として板紙を中心に、幅広い製品を日本に紹介している。ただし国内に巨大な消費市場を抱えているので、何が何でも輸出で稼がなければならないというモチベーションには乏しく、採算性や輸出余力などで条件が合えば輸出するというのが基本スタンス。いわばプロダクト・アウトの思想といえる。

これに対して北欧は域内に人口が少なく相対的に市場が小さいので、必然的に販売先の主力を海外に求めなければならない。このため北欧のメーカーは古くから、マーケット・インの思想で世界各地に販路を開拓してきた。この点は、米国のメーカーとは対照的である。北欧メーカーにとって第一に重要な

表2. 日本企業の売上高ランキング[1]

（単位：百万ドル、%）[2]

| 順位 22年 | 順位 21年 | 会社名 | 売上高[2] | 増減率 |
|---|---|---|---|---|
| 7 | 4 | 王子ホールディングス | 12,967.5 | 17.7% |
| 27 | 13 | 日本製紙 | 7,629.8 | 9.2% |
| 20 | 18 | レンゴー | 6,260.2 | 14.0% |
| 〈参考〉 | | KPPグループHD[3] | (5,020.0) | (17.0%) |
| 43 | 35 | 大王製紙 | 4,846.3 | 5.6% |
| 〈参考〉 | | 日本紙パルプ商事[3] | (4,114.9) | (23.1%) |
| 51 | 41 | 北越コーポレーション | 2,243.6 | 15.2% |
| 65 | 51 | 丸紅グループ[4] | 2,034.2 | 33.3% |
| 〈参考〉 | | 新生紙パルプ商事[3] | (1,896.9) | (7.6%) |
| 71 | 67 | 三菱製紙 | 1,718.0 | 17.7% |
| 合計 | | | 48,731.5 | 14.9% |
| トップ75社に占めるシェア | | | 14.7% | |

注1）連結業績の「紙・パルプ・加工品・商業部門」を抽出。抽出基準は弊社Future誌の判断による。したがって順位も含め、TAPPIによるTOP75の元数値とは必ずしも一致しない。
注2）23年3月期の上記部門業績を米ドルに換算。22年の平均為替レートは131.4981円。対前年増減率は円ベースで算出。
注3）TOP75の中には流通（商業）部門主体の海外企業も含まれているので、参考までに大手代理店3社の当該部門売上高（23年3月期）を米ドルに換算した。
注4）丸紅の紙パ部門は「フォレストプロダクツ本部」の数値。

表3. アジア企業の売上高ランキング [1]　（単位：百万ドル、%）

| 順位 22年 | 順位 21年 | 会社名 | 国名 | 売上高 [2] | 増減率 |
|---|---|---|---|---|---|
| 14 | 8 | 玖龍紙業（ナイン・ドラゴン） | 中国 | 8,977.6 | △ 6.0% |
| 23 | 22 | 山鷹国際（シャニン・インターナショナル） | 中国 | 4,545.9 | △ 11.3% |
| 25 | 24 | 山東晨鳴紙業 | 中国 | 4,034.2 | △ 10.5% |
| 26 | 26 | SCGパッケージング | タイ | 3,933.1 | △ 0.7% |
| 28 | 25 | 理文造紙（リー&マン） | 中国 | 3,725.3 | △ 10.9% |
| 29 | 30 | 中国製紙コーポレーション | 中国 | 3,659.4 | 0.8% |
| 33 | 23 | 山東太陽紙業（サン・ペーパー） | 中国 | 3,296.1 | △ 30.0% |
| 49 | 47 | ☒達（ヴィンダ）製紙集団 | 中国 | 2,056.3 | 3.1% |
| 55 | 56 | ハンソル製紙 | 韓国 | 1,828.3 | 14.0% |
| 56 | 45 | 永豊餘造紙 | 台湾 | 1,769.3 | △ 12.2% |
| 59 | 66 | 恒安インターナショナル | 中国 | 1,702.3 | 34.4% |
| 60 | 44 | 榮成紙業 | 台湾 | 1,636.3 | △ 19.3% |
| 58 | 58 | 山東華泰紙業 | 中国 | 1,368.9 | △ 11.7% |
| 64 | 57 | 正隆 | 台湾 | 1,348.2 | △ 13.7% |
| 67 | 68 | 世紀陽光紙業 | 中国 | 1,269.4 | 6.5% |
| 合計 | | | | 45,150.6 | |
| トップ75社に占めるシェア | | | | 12.9% | |

注1）紙・パルプ・加工品・商業部門　注2）売上高は推定を含む

市場は長年EU圏や欧米だったが、近年は伸びしろの大きいアジアや中南米市場にも注力している。22年の生産量が世界5位のストラエンソ、7位のUPM、17位のイーシッティといった北欧メーカーは伝統的に、域内にある豊富な針葉樹を活かした紙づくりを行っており、薄くて強度が高く裏写りの少ないSC中質紙、中質コート紙などは日本の出版・商業印刷市場でも一定の地歩を築いてきた。

しかし、こうした世界紙パの勢力図は、あまり固定的に考えない方がよいだろう。合併・統合、売却などの事業再編は常に現在進行形であるからだ。現に24年に入り、世界売上高1位＝ウエストロックと4位＝スマフィット・カッパ・グループの合併という話題が業界を驚かせた。また、この巨大合併に刺激される形で世界2位のIPが8位のDSスミスを吸収する。このほか規模はさほど大きくないが、日本企業も将来を見据えて大手を中心にM＆Aを活発化させている。変化の激しい市場環境のもとで、各社は事業の取捨選択と新たな取り込みを進めている。

## 日本の紙パルプ ― 産業界での位置と役割

# 生活・社会に欠かせない素材としての存在感

わが国産業界の実勢を把握するため、国では従来から「工業統計調査」や「商業統計調査」「農業経営統計調査」などを定期的に実施し、変化する産業界の姿を記録してきた。これらはそれぞれ所管が異なり、「工業統計「商業統計」は経済産業省、「農業経営統計調査」は農林水産省が行っていた。しかし、そうした省庁ごとの縦割りではなく、国として全産業分野の経理項目を同一時点で網羅的に把握し、わが国における事業所・企業の経済活動を全国的・地域的に明らかにする狙いから、2012年以降は順次「経済センサス・活動調査」という包括的な統計に改められている。

これにより国全体の包括的な産業構造統計を作成できるようになったわけだが、同時に集計作業の軽減を図るための簡素化も進み、産業細分類別の統計などは今までのような頻度と形では出てこなくなった。その「2021経済センサス-活動調査」によれば、従業者4人以上の事業所を対象とした2020年時点に

表1. 製造業に占める紙パの位置 [1] 単位：特記しない限り百万円

| 項目 | 実数 | 対製造業比 | 実数 | 対製造業比 | 対比 |
|---|---|---|---|---|---|
| ＜調査時点＞ | 2021年6月1日 | | 2020年6月1日 | | 21/20 |
| 事業所数（ヵ所） | 5,927 | 2.68% | 5,338 | 2.93% | 11.0% |
| 従業者数（人） | 181,090 | 2.43% | 187,842 | 2.43% | △ 3.6% |
| ＜調査対象期間＞ | 2020年1～12月 | | 2019年1～12月 | | 20/19 |
| 現金給与総額 | 776,060 | 2.21% | 770,886 | 2.21% | 0.7% |
| 1人当たり（万円） | 429 | 92.24% | 430 | 92.08% | △ 0.4% |
| 原材料使用額 | 4,361,543 | 2.36% | 4,347,144 | 2.36% | 0.3% |
| 製造品出荷額 | 7,124,538 | 2.35% | 7,095,704 | 2.35% | 0.4% |
| 1事業所当たり | 1,202 | 87.48% | 1,407 | 82.38% | △ 14.6% |
| 1人当たり（1万円） | 3,934 | 97.98% | 3,960 | 97.90% | △ 0.6% |
| 付加価値額 [2] | 2,245,477 | 2.31% | 2,232,319 | 2.30% | 0.6% |
| 同上1人当たり（1万円） | 1,240 | 96.11% | 1,246 | 96.07% | △ 0.5% |

注1）従業者4名以上の事業所
注2）従業者29人以下の事業所については粗付加価値額
注3）製造品出荷額等と付加価値額については修正値

表2. パルプ・紙・紙加工品産業の業種別構成比（2020年実績）(単位：特記しない限り億円)

| 業種 | 事業所数[1] | | 従業者数 | | 現金給与総額 | 原材料使用額等 | 製造品出荷額等 | | 1人当たり出荷額（万円） | 付加価値額[2] |
|---|---|---|---|---|---|---|---|---|---|---|
| | （所） | 構成比 | （人） | 構成比 | | | | 構成比 | | |
| パルプ | 28 | 0.5% | 2,346 | 1.3% | X | X | X | − | − | X |
| 洋紙・機械すき和紙 | 254 | 4.3% | 22,109 | 12.2% | 1,195 | 10,504 | 16,574 | 23.3% | 7,497 | 4,535 |
| 板　紙 | 99 | 1.7% | 8,258 | 4.6% | X | X | X | 11.5% | 9,887 | X |
| 手すき和紙 | 32 | 0.5% | 276 | 0.2% | 6 | 5 | 14 | − | 496 | 8 |
| 塗工紙(除:印刷用紙) | 135 | 2.3% | 6,745 | 3.7% | 356 | 2,022 | 4,320 | 4.3% | 4,559 | 854 |
| 段ボール | 115 | 1.9% | 2,819 | 1.6% | 110 | 519 | 821 | 1.2% | 2,911 | 265 |
| 壁紙・ふすま紙 | 67 | 1.1% | 1,460 | 0.8% | 60 | 236 | 430 | 0.6% | 2,999 | 159 |
| 事務用・学用紙製品 | 339 | 5.7% | 8,490 | 4.7% | 315 | 1,080 | 1,925 | 2.7% | 2,293 | 712 |
| 日用紙製品 | 153 | 2.6% | 2,603 | 1.4% | 72 | 287 | 527 | 0.7% | 2,056 | 2,131 |
| その他の紙製品 | 400 | 6.7% | 6,986 | 3.9% | 254 | 831 | 1,545 | 2.1% | 2,247 | 590 |
| 重包装紙袋 | 118 | 2.0% | 3,568 | 2.0% | 126 | 447 | 780 | 1.1% | 2,193 | 289 |
| 角底紙袋 | 93 | 1.6% | 3,010 | 1.7% | 118 | 469 | 738 | 1.0% | 2,453 | 201 |
| 段ボール箱 | 1,794 | 30.3% | 49,755 | 27.5% | 2,043 | 11,157 | 17,163 | 24.1% | 3,464 | 5,075 |
| 紙　器 | 1,149 | 19.4% | 26,421 | 14.6% | 977 | 3,134 | 5,565 | 7.8% | 2,124 | 2,003 |
| その他のパルプ・紙・紙加工品 | 1,151 | 19.4% | 36,244 | 20.0% | 1,535 | 7,723 | 13,404 | 18.8% | 3,713 | 4,716 |
| 合計 | 5,927 | 100.0% | 181,090 | 100.0% | 7,761 | 43,615 | 71,245 | 99.2% | 3,934 | 22,455 |

注1）従業者4名以上の事業所
注2）従業者29人以下の事業所については粗付加価値額
注3）板紙の出荷額等の構成比および1人当たり出荷額は前回までの調査に基づく推定。

おける製造業の市場規模（「製造品出荷額等」）は、新型コロナウイルス感染症の拡大にともなう経済活動の停滞を受け、24業種の合計で302兆33億円。このうち紙パルプ産業（パルプ・紙・紙加工品製造業）は7兆1,245億円で、製造業全体に止める割合は2.35%となっている（表1）。

この数値の対象には個人経営の事業所が含まれていないので単純な比較はできないが、西暦2000年当時の出荷額が8兆円に近かったことからすれば、わが国の紙パ産業は停滞もしくは緩やかな退潮局面に入っているといえるだろう。これは以前から続いている人口の減少や出版・印刷媒体の電子化（ペーパーレス化）に加え、特定分野における輸入紙の増加（コピー用紙、衛生用紙ほか）などで国内企業の出荷金額が振るわないせいでもある。

事業所数をみると、紙パは全国に5,927ヵ所あり、これは製造業全体の2.68%に相当する。出荷額の2.35%に比べて、事業所数の比率がやや高い（つまり1事業所当たりの出荷額が製造業平均よりやや少ない）。これに対し従業者数は約18.1万人で全製造業に占める割合は2.40%と、出荷額および事業所数シェアの中間に位置する。1事業所当たりの出荷額は12億円、従業者1人当たりの出荷額は3,934万円で、製造業平均を100とすると前者は87、後者は98となる。つまり企業規模では平均を13%ほど下回るが、1人当たりの出荷額ではほぼ平均並みといえる。

紙パの業種別内訳を眺めたものが**表2**。もっとも大きい出荷額を示しているのは、今回調査で初めてトップに立った**段ボール箱製造業**で1兆7,163億円、全体の24%を構成している。ただし段ボール箱製造業は総じて企業規模が小さく、事業所数では紙パ全体の30%、従業者数では27%を占める。

表3. 紙パのウェイトが高い都道府県（2020年）

| | 〈事業所数〉 | | | 〈出荷額〉 | | |
|---|---|---|---|---|---|---|
| 順 | 県名 | （所） | 構成比 | 県名 | （百万円） | 構成比 |
| 1 | 大阪 | 523 | 10.37% | 静岡 | 818,709 | 11.54% |
| 2 | 静岡 | 462 | 9.16% | 愛媛 | 540,040 | 7.61% |
| 3 | 埼玉 | 422 | 8.37% | 埼玉 | 491,041 | 6.92% |
| 4 | 愛知 | 368 | 7.30% | 愛知 | 376,792 | 5.31% |
| 5 | 東京 | 343 | 6.80% | 大阪 | 314,867 | 4.44% |
| 6 | 愛媛 | 210 | 4.16% | 兵庫 | 309,196 | 4.36% |
| 7 | 兵庫 | 182 | 3.61% | 北海道 | 303,487 | 4.28% |
| 8 | 岐阜 | 180 | 3.57% | 栃木 | 292,145 | 4.12% |
| 9 | 神奈川 | 149 | 2.95% | 茨城 | 269,541 | 3.80% |
| 10 | 京都 | 138 | 2.74% | 岐阜 | 214,459 | 3.02% |

| | 〈付加価値額〉 | | | 〈1人当たり出荷額〉 | | |
|---|---|---|---|---|---|---|
| 順 | 県名 | （百万円） | 構成比 | 県名 | （万円） | 全国平均比 |
| 1 | 静岡 | 259,547 | 11.63% | 宮城 | 6,899 | 1.74 |
| 2 | 埼玉 | 175,647 | 7.87% | 熊本 | 6,089 | 1.54 |
| 3 | 愛媛 | 144,307 | 6.46% | 北海道 | 5,883 | 1.49 |
| 4 | 栃木 | 119,341 | 5.35% | 栃木 | 5,458 | 1.38 |
| 5 | 大阪 | 113,049 | 5.06% | 大分 | 5,387 | 1.36 |
| 6 | 兵庫 | 112,399 | 5.04% | 徳島 | 5,370 | 1.36 |
| 7 | 愛知 | 111,000 | 4.97% | 鳥取 | 5,352 | 1.35 |
| 8 | 茨城 | 80,521 | 3.61% | 秋田 | 5,253 | 1.33 |
| 9 | 北海道 | 74,266 | 3.33% | 福島 | 5,227 | 1.32 |
| 10 | 岐阜 | 64,917 | 2.91% | 愛媛 | 5,162 | 1.30 |

僅差の二番目は**洋紙・機械すき和紙製造業**の1兆6,574億円で、紙パ全体の23%＝4分の1弱を占める。ここには大手の一般洋紙メーカーに加え、衛生用紙や家庭用雑種紙、特殊更紙などの機械すき和紙製造業者も含まれるが、規模からすれば圧倒的に洋紙が大きい。前回まで長年にわたり1位の座を占めてきたが、主力のグラフィック用紙がデジタル化の影響で需要を減らしているため2位に後退した。

段ボールなどの原材料となる**板紙製造業**は出荷額で3位の11%を占めるが、事業所数では2%未満の割合だから、典型的な大規模装置産業といえる。板紙は段ボールと違って、小さい規模では成り立たない業態であることがわかる。出荷額の第4位は**紙器製造業**の5,565億円で、こちらも段ボール箱と同じく、出荷額のシェア（8%）に比べて事業所数（19%）と従業者数（15%）の割合が高く、中小・零細型の業態だ。

続いて、紙パのウェイトが高い都道府県を各指標ごとに抽出したのが**表3**。まず**出荷額**では、洋紙・板紙メーカーが集中する1位の静岡県、同じく2位の愛媛県、段ボールや印刷紙器の工場が多い3位の埼玉県、大小の製紙工場のほか段ボール工場も多い4位の愛知県、板紙メーカーのほか紙製品や紙器工場などが集まる5位の大阪府が上位の顔ぶれとなっており、1、2位は不動だが、3～5位は好不調の波で時に順番が入れ替わる。

次に**事業所数**では大阪府が唯一2桁台のシェアで1位。出荷額でみれば大阪は5位なので、1事業所平均の規模が相対的に小さいことになる。以下は出荷額の順位とやや似ており、2位＝静岡、3位＝埼玉、4位＝愛知と来て5位が東京。**1人当たり出荷額**は、大型の製紙工場が主体で小規模の加工企業が少ないところほど高くなる理屈であり、1位＝宮城の6,899万円は全国平均の1.74倍。以下、2位＝熊本、3位＝北海道と続き、4位＝栃木、5位＝大阪となる。1～3位はいずれも大型の紙パ一貫工場があることで共通している。

なお、都道府県別にみた紙パ産業の実態を109頁に掲載しているので、必要に応じて参照してほしい。

## 2050年のカーボンニュートラル達成を目指す

紙パルプは木材と古紙と水という持続的な調達が可能な資源を活用しており、再生可能エネルギーの利用も含めたサーキュラーエコノミー型の産業として早くから環境問題に積極的・先進的に取り組んでいる。その1つに植林事業がある。紙パ産業は木材を一次原料とするが、木を自分たちで植えて育て、それを伐採して原料として使い、伐採した跡地にまた植林していけば、太陽と土と水がある限り持続的に原料の確保ができる。つまり、サステナビリティに富んだ産業である。森林の保護と管理は有効な気候変動対策として国際的に認められており、わが国の温暖化防止（$CO_2$削減）対策のうえでも重要な役割を担うものだ。

わが国では国土面積のうち約7割を森林が占めており、その割合は年々わずかずつだが増加している。その森林は、国有林と民有林とに分けられ、民有林のうち最大の面積を保有している企業が王子ホールディングス・グループ。その他の製紙メーカーも大規模な森林を保有・管理したり環境植林事業を行っているケースが多く、この点は産業の大きなアドバンテージだ。木材を主原料とする製紙産業だけに、古くから原料の確保は経営上の重要課題だった。そのため、多くの山林を保有するようになったのである。

ただ保有しているだけでなく、「使う原料は自分で作る」「森林資源を循環させながら持続的に利用する」という観点から植林事業を行っており、自国だけでなく世界各地で活動を展開している。この海外産業植林はとくに1990年代から活発化し、業界団体の日本製紙連合会によれば2020年末現在、世界9ヵ国で24件のプロジェクトが進行中である。産業植林では、森林地の管理を含め植林→育成→伐採→再植林のサイクルを繰り返すのだが、その輪が完全に回り出すのは、生長の早い広葉樹でも事業を始めてからおよそ7~8年後という息の長いプロジェクトだ。22年末現在の海外植林実施面積は37万haで、国内社有林14万haとの合計は51万haに上る。

このほか、忘れてならないのが紙のリサイクル。市中で一度（あるいは、それ以上）使われた紙を集め（回収）、製紙原料商がそれを種類や用途に応じて分けて（分別・選別）1t程度の単位に梱包し、製紙工場に運び入れる（納入）。製紙会社では、それを再び紙の原料として使用する。現在では全製紙原料に占める古紙の利用割合が66%以上に達し、新規の木材パルプよりもずっと多い。

また、化石燃料をなるべく使わないようにするエネルギー対策も着実に進んでいる。それらをバイオマス燃料、廃棄物燃料などと呼ぶが、黒液、木くず、廃タイヤなどを重油や石炭の代わりに燃料として利用する。製紙各社は既設の重油・石炭ボイラーなどを順次これらのボイラーに切り替える設備投資を進めてきた。製紙産業は2050年のカーボンニュートラル達成を目標に掲げており、今後も燃料転換や植林地の拡大に取り組んでいく方針だ。

# 知っておきたい
# ～紙の作り方

②

## 工場の全体像

# 既存事業最適化の一方で新分野も模索

まもなく流通がスタートする新1万円札の“顔”渋沢栄一は日本資本主義の父と呼ばれ、多岐にわたる業種で今も日本を支える企業（生涯に携わった企業は約500とされる）の礎をつくったが、わが国初の洋紙会社「抄紙会社」（現王子ホールディングス）もその1つである。渋沢は、①清冽な水、②平坦な土地、③原料や製品、機械類の輸送の利便性、を工場の立地条件として挙げ、工業用水（千川上水）に近く、隅田川に通じる石神井川による船便が利用でき、かつ原料（当時は古着などの木綿ボロが主だった）調達、製品消費の両面でメリットがある現・東京都北区王子が選ばれた。

その後、1900年代末に木材パルプの製造技術が確立されると、国産材の調達に有利な北海道など内陸部へ工場が建設され、さらに原燃料の多くを海外から輸入する現在のスタイルに変わってからは臨海地域への設置が主流となった。他方、古紙を主原料に用いる工場は、その大発生地であると同時に製品の大消費地ともなる都市部近隣に建設された。代表例が静岡県の富士地区であり、首都圏に近く、水にも恵まれた地域特性から世界にも類を見ない“紙のまち”として発展を遂げてきた。

1990年代以降、国内では製紙大手の合併・統合に伴い工場・設備が統廃合され、2007年頃からの世界同時不況、11年の東日本大震災を契機に各社は更なる生産体制見直しを断行。少子高齢化、IT進展といった構造的要因からグラフィック系用紙の需要が縮小する一方、新型コロナウイルス感染拡大による衛生意識の定着や通販需要の伸長などから家庭紙やパッケージ分野は堅調に推移し、これら分野の設備増強や、一部では洋紙からの転抄も進んでいる。また、新素材CNF（セルロースナノファイバー）やバイオエタノールの開発・製造、自家発電設備を活用した売電事業等に注力するメーカーも増えてきており、既存事業にける生産最適化の一方で、従来とは違った形態へと工場自体が進化していく可能性もある。

参考として最近の主な設備投資を見ると、家庭紙では大王製紙が2023年に取得した新工場兼物流倉庫用地（岐阜県）の活用を含む中部地区での衛生用紙生産強化を発表。可児工場への家庭紙マシン新設と併せて新工場には加工機を導入し、24年10月に営業運転を開始、3,000t/月の能力増強を見込む（投資額約170億円）。また、三島工場15号抄紙機を改造し、紙おむつなどの吸収体製品に使用するフラッフパルプ生産設備（生産能力7,500t/月）として昨年7月に再稼働させた（投資額約60億円）。丸住製紙は昨年4月、大江工場でペーパータオル、キッチンペーパー、ティシュなど衛生用品の原紙製造と加工を行う抄紙機および加工設備を稼働、年産能力は約2万6,000tである。このほか、日本製紙は石巻工場N6号抄紙機（軽量コート紙・微塗工紙）を22年5月末に停機し、23年度後半を目途に家庭紙事業を前提とした同工場の構造転換を進めると発表。中越パルプ工業は高岡工場で6号抄紙機（上質紙など）を停機してN6号抄紙機（家庭紙）を新設、24年1月に稼働させた。また、パッケージ分野については、王子ホールディングスやレンゴーが工場建設や現地メーカーの買収などにより、主にアジア地域での段ボール生産拠点拡充を図っている。

既存事業以外では、日本製紙が住友商事などと国内初のセルロース系バイオエタノール商用生産に着手し、年産数万kLの国産材由来バイオエタノール製造を27年度から開始する計画。王子ホールディングスも王子製紙・米子工場に木質由来エタノール・糖液のパイロット製造設備を導入し、24年度後半の稼働を予定している。さらにレンゴーは連結子会社の大興製紙において、SAF（持続可能な航空燃料）の原料となる第二世代バイオエタノール生産実証開始をアナウンスした。

## パルプ製造・古紙処理工程

# 植物資源の持続可能な利用に貢献

パルプは植物を機械的・化学的処理して抽出し、木材（針葉樹をN材、広葉樹をL材と呼び、一般にN材の方が繊維は長い）由来と非木材（ケナフ、バガス、竹、わら、麻、コットンリンター、楮、三椏、パームヤシ殻など）由来のものがある。ここでは大多数を占める木材パルプと、古紙由来のパルプについて基本的な製造法を記す。なお、注目されるCNF（セルロースナノファイバー）の原料には後述する針葉樹KP（クラフトパルプ）が有利とされる。

木材からパルプを得る工程には「調木」「蒸解（パルピング）」「叩解」などがある。製造法は機械パルプ（MP:メカニカルパルプ）法と化学パルプ（CP:ケミカルパルプ）法に大別され、中間的な特徴を備えたケミグラウンドパルプ（CGP）やセミケミカルパルプ（SCP）もある。また、古紙を化学的に処理したものは古紙脱墨パルプ（DIP）と呼ぶ。

まず調木工程では原木を切断、剥皮、チッピングしてチップとし、チップスクリーンなどを用いて分級、異物除去などが行われる。

次にパルプ化であるが、機械パルプの場合はリファイナーと呼ばれる装置で機械的に原料を細かくすりつぶし、異物やパルプ化されなかった木片などを除去（精選）した後、漂白工程に送られる。また、化学パルプ製造ではクラフトパルプ（KP）法が主流となっており、チップに苛性ソーダなどの蒸解薬品を添加し、蒸解釜で150℃以上の高温・アルカリ下で煮た（蒸解）後、溶出したリグニンや薬品を洗浄。さらに残留したリグニンは、一般に酸素とアルカリにより除去（酸素脱リグニン）される。

なお、リグニンはセルロース、ヘミセルロースとともに高等植物を構成する成分で木材の2～3割を占め、植物の細胞壁同士を固定化する接着剤のような働きを持つため、パルプ製造においては除去の対象となる。他方でリグニンを多く含む廃液（黒液）は燃料として古くから活用されており、さらに近年は大量に存在するバイオマス資源として、接着剤・硬化剤、成形材料など各種工業材料、先端材料への利用も進む。ちなみに、木質繊維をできるだけ傷めず得るためには機械的な処理より化学的な脱リグニンがよいとされるが、これが進むほどパルプとしての歩留りは下がる。

漂白工程ではかつて用いられていた塩素に代わり、環境負荷の少ない無塩素漂白法としてECF（Elemental Chlorine Free）やTCF（Total Chlorine Free）が採用。主流はECFで、元素としての塩素（$Cl_2$）を使用せず、二酸化塩素（ClO2、「塩素」という文字が含まれているが、化学的には酸素による酸化作用が主体）やオゾン（$O_3$）が用いられる。

次に古紙パルプ製造では、禁忌品等を取り除き選別した古紙が離解工程に送られ、パルパーに投入。パルパーとはいわば巨大なミキサーで、温水・アルカリとともに撹拌して繊維をほぐし、インキなどを剥がれやすくする。さらにスクリーン等で異物を除去、脱墨（脱インキ）工程でインキを機械的・化学的に除去し漂白する。装置としては繊維からインキを剥がすニーディング装置、インキを剥がれやすくするために原料を一定期間寝かせる熟成タワー、微細な泡の作用でインキを除去するフローテーター、除塵したパルプを脱水するシックナー、微量な残留粘着異物を微細化・分散するディスパーザーなどが使用される。

上記工程を経た原料は「紙料調成」、すなわち叩解およびパルプ配合、薬品添加などを行い製造品種に合わせて原料濃度やpHを調節した後、抄紙工程へ送られる。なお、叩解とは水とともにパルプ繊維を機械的に叩き磨砕することで、繊維をよく離解してフィブリル化（繊維を枝状に分岐し毛羽立たせ、繊維同士を結合しやすくする）し、さらに膨潤や絡合を行うとともに適当な長さに揃えることで地合いのよい紙をつくる。

## 抄紙・塗工工程

# マシンとコーターでパルプをシート化

液状のパルプを敷き詰めて脱水し、シート状の原紙をつくる工程であり、「抄紙機（マシン）」と、原紙表面に顔料や接着剤などから成る塗液（コーティングカラー）を塗工する「塗工機（コーター）」が用いられる。

**抄紙機**　ヘッドボックス、ワイヤーパート、プレスパート、ドライ（ドライヤー）パート、カレンダーパート、リールパートなどで構成。増産を念頭に広幅・高速化が盛んに追求された時期、洋紙マシンでは幅10m・抄速2,000m/分以上が達成されたが、近年は安定操業、省エネ、省力、メンテナンス性、作業者の安全確保などがマシン選定の重要な要素となっている。またグラフィック用紙需要の低迷から、洋紙マシンを板紙や特殊紙用に改造する転抄技術が提案・採用されている。

ここでは、抄紙工程を順に見ていくことにする。まずヘッドボックスはスライスと呼ばれる噴射口から紙料（パルプ）をワイヤー（プラスチックや金属製の網）上に押し出す装置で、紙料の濃度を調整する機能ももつ。

続くワイヤーパートでは、敷きつめた紙料の水分をワイヤーの目から落として紙層を形成する。ワイヤー形式によって抄紙機は「長網」と「円網」に大別され、前者は長く平らなワイヤー上に紙料を流し、フォイル、サクションボックスといった脱水装置を用いて水分を取り除く。ただし片面脱水のため紙に表裏差を生じる欠点があることから、2枚のワイヤーで紙層を挟み上下均等に脱水するツインワイヤー抄紙機が開発された。

これに対し、円網抄紙機は抄槽内で丸く巻き付けた網を回転させる方式で、水分は網内に抜け、網の表面に張り付いた紙料の水分をロールで絞る。

多層抄きが可能で厚い紙や特徴のある紙を抄くことができるが、高速化には向かない。このため、増速を目的として円網の抄き網部に短いワイヤーを使った短網式や、円網・短網・長網を組み合わせたコンビネーション抄紙機も一部で使用されている。

プレスパートではまだ水分の残る湿紙をロールの間に通し、フェルトで搾水する（この後、サイズプレスによってサイズ剤を塗布する場合もある）。脱水された紙はカンバス（キャンバス）と呼ばれる抄紙用具に乗ってドライパートへ送られ、蒸気で加熱された筒（シリンダードライヤー）への接触によって乾燥される。ドライヤーには多筒式とヤンキー式がある。

**塗工機**　抄紙・塗工を一貫して行う「オンマシン式」と、塗工を別工程とした「オフマシン式」がある。オンマシンは一般に大ロット少品種に向き、小ロット多品種生産や、共通の原紙を高速抄紙してコーター以降で複数の用途ごとに加工するような場合はオフマシンが選択される。

設備的にはコーターヘッド、ドライヤー、カレンダー、ワインダーなどがあり、とくにコーターヘッドは原紙に塗液を塗工・平滑化する重要な装置である。塗工法によってエアナイフ式、ブレード式、ロール式、ロッド(バー)式に大別され、原紙の被覆性が良いとされる塗工法としてカーテン式（塗工面に塗液を帯状に垂らす）やスプレー式（ノズルから高圧で塗液を噴射）も品種によって採用されている。もっともポピュラーな方式はブレード式で、原紙に塗布された塗料の余剰分をブレード（刃）によって掻き落とし、表面を均一化する。また通常はシングル（1回）塗工だが、印刷適性の向上を目的に下塗り・上塗りのダブル塗工も行われている。

なお、サプライヤーについては世界的にフォイト（ドイツ）とバルメット（フィンランド）が抄紙機・塗工機のほか原質から仕上、計測制御、試験分析、動力、ユーティリティまでを提供できる２大総合メーカーであり、アンドリッツ(オーストリア)も大手の一角を担う。国内メーカーでは静岡の小林製作所、愛媛の川之江造機が高い信頼と実績を得ている。

## 図解！「抄紙機」の基礎知識

# 所定の品質を安定かつ効率的に達成

「抄紙機」（マシン）は複数のパートによって構成され、さまざまな技術が集積された製紙の主装置である。基本的な原理は手漉き和紙と同様で、繊維分を含んだ液状のパルプ（紙料）を敷き詰めて紙層を形成し、水分を絞って乾燥した後にシートとして巻き取るが、この作業を機械によって自動化するとともに大規模かつ効率的に行う。

近年、抄紙機は高速化・大型化が進み、安全面も考慮して一体化された設計となっているうえ、乾燥工程であるドライ（ドライヤー）パートでは蒸気など熱エネルギーを無駄なく活用するためフードで密閉する工夫もされるなど、内部でどのように紙が形成され走行しているかを目視することは難しい。そこで、近代的な抄紙機でどのように紙がつくられているのかイメージできるよう、概略図をもとにして説明しよう。

## 長網抄紙機で知る“紙の出来上がるまで”

図1．長網抄紙機の概略図

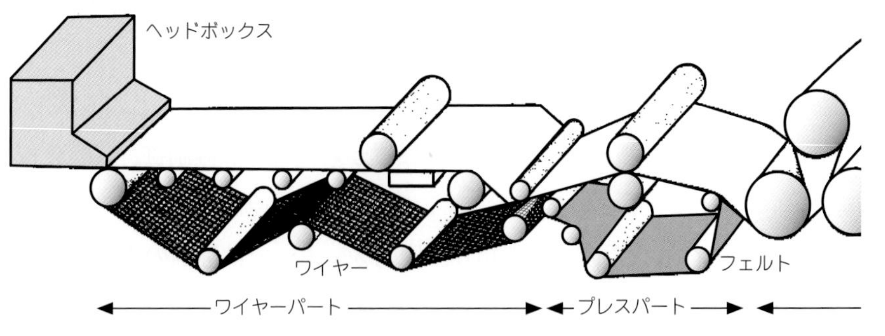

図１は、オーソドックスな長網抄紙機の概略図であり、フレームや補機、関連装置などは省かれ、紙の製造工程の流れが理解しやすいようシンプルに描かれている。長網抄紙機は後述する各種形式の原型と言えるもので、1798年にフランスの発明家N. ロベールが特許を取得し、1808年に英国のフォードリニア兄弟が実用化した。そのため、長網抄紙機は英語で「フォードリニア（fourdrinier）・マシン」とも呼ばれる。

**ヘッドボックス**　図中左端のヘッドボックスから右端のリールへと工程は進み、最初にあるヘッドボックスは前工程で調成済みの紙料をワイヤーパートのワイヤー上へ均一に噴出させる装置である。

**ワイヤーパート**　ワイヤーとは網目状に織られた抄紙用具で、以前はブロンズやステンレスなどの金網が使われたためそう呼ばれるが、近年はポリエステルやポリアミド、ポリプロピレンなどプラスチック製の網が主流である。ワイヤー自体は１つにつながって回転しており、この上に紙料が均一に噴出されてシート状の紙層が形成される。

**プレスパート**　形成されたシート状の湿紙（水分を多く含んだ状態の紙）から水分を除去するため、ロールの間を通して圧力をかける。ここで紙を搬送するのがフェルト（「毛布」とも呼ばれる）で、湿紙からできるだけ多くの水分を絞ることが第一の機能とされる。ワイヤーパートと同様、フェルトがエンドレスにつながって回転し、紙はその上に乗って運ばれるが、その走行安定性もフェルトの重要な条件である。

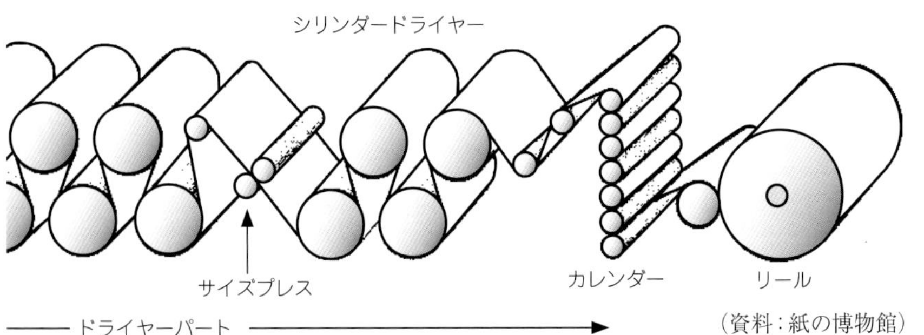

（資料：紙の博物館）

**ドライパート**　次に、湿紙は表面をメッキ処理した円筒形シリンダーによって加熱乾燥される。シリンダーの数は抄速（紙を抄くスピード）や紙の幅・坪量（面積1m²当たりの重量）、品種によって異なり、ティシュや純白ロール紙、片艶クラフト紙などでは大型シリンダー１本で乾燥するヤンキードライヤーが使われるが、このドライパートの違いにより多筒抄紙機かヤンキー抄紙機かに区別される。図１の抄紙機は多筒であり、ワイヤーパートの構造と合わせて「長網多筒式」と分類される。なお、ここで紙の走行に使われるのはカンバス（キャンバス）で、ワイヤー、フェルトとともに「抄紙用（要）具」と呼ばれる。これらは消耗品として一定期間使った後に交換されるが、近年はロングライフ化が進む傾向にある。またパルプとともに主原料となる古紙の品質悪化等に伴い、抄紙用具の汚れ対策は不可欠となっており、高水圧シャワーによる洗浄やブレード（刃）による掻き取りなど各種汚れ除去装置・技術の進展が著しい。

近代的な抄紙機（ライパ社シュベット工場。フォイトペーパー社製）

以上の工程を経た紙はそのまま巻き取られることもあるが、一般的にはドライパート中間部に、表面強度や印刷適性などを向上させるための処理を行うサイズプレス、紙を平滑にして光沢を出すカレンダーが設置される。また品種によっては、クレーや炭酸カルシウムなどの顔料を塗工するコーターがオンラインで組み込まれたり（オンコーター）、別工程のオフライン装置として設置される（オフコーター）。さらに品質・安定生産、生産効率などを高めるため、多様な補機や計測・制御機器が必要に応じて装備される。

## 抄紙機の形式―生産品種に合わせて選択

抄紙機には長網式以外にも生産品種に適した各種形式が開発されており、それらはワイヤーパート（フォーマー）の形態により区別される。種類

図2. ツインワイヤー抄紙機

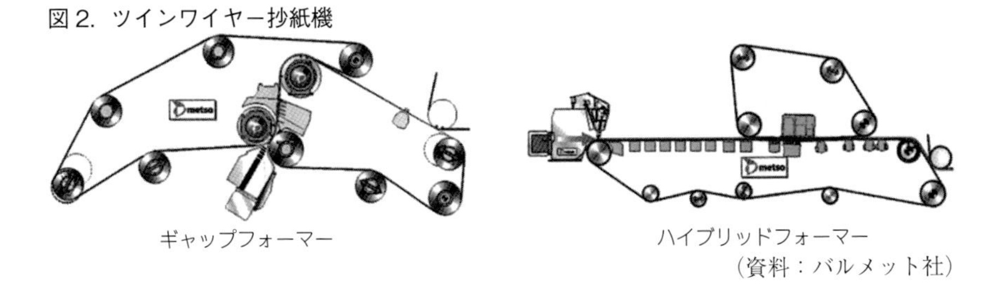


（資料：バルメット社）

別に特徴を簡単に説明すると以下の通りである。

**長網抄紙機**　ワイヤーパートが長く、台数では国内でもっとも多く普及している抄紙機。

**短網抄紙機**　長網に比べワイヤーパートが短い。主に特殊紙などを抄造する小規模工場で使われ、ワイヤー部を傾斜させた「傾斜型抄紙機」では不織布などが製造される。

**円網抄紙機**　紙料の入った槽内で円網（円筒状のワイヤー）が回転し、紙料を汲み上げながらシートを形成する。薄物品種の小ロット生産に適し、衛生用紙や純白ロール紙で使われるほか、円網を多数並べて多層に抄き合わせると板紙になる。

**コンビネーション抄紙機**　生産する品種に応じ、前記の長網・短網・円網を適宜組み合わせたもの。

**ツインワイヤー抄紙機**　長網式は紙に表裏差が出やすく、また高速運転での限界があることから、それをカバーするため開発された抄紙機で、「ギャップフォーマー」と「ハイブリッドフォーマー」に分けられる（図2）。このうちギャップフォーマーはヘッドボックスから噴出された紙料を２枚のワイヤーで挟み高速抄造を行う形式で、新聞用紙やティシュなど薄い紙で多用される。ハイブリッドフォーマーは「オントップフォーマー」とも呼ばれ、長網抄紙機の後部ワイヤー上にもう１つのワイヤーを乗せてツインワイヤー化したもの。紙の品質向上に効果があり、主に上質紙や塗工原紙などの生産に用いられる。

## 仕上・加工工程

# カレンダー〜リールによる原紙処理

「仕上・加工」とは原紙ベースの処理のことで、一般に抄紙・塗工工程の直後にカレンダー（キャレンダー）、リール、ワインダーなどの設備を用いて行われ、それ以降の加工（ラミネートやアルミ蒸着、型押しなど）、袋や箱への成型などは次項の「二次加工」とされる。

抄紙機から出たばかりの原紙は表面が粗いため、これに滑らかさや光沢、均一な厚さを与える仕上装置としてカレンダーがあり、カレンダーによる処理を「カレンダリング」という。金属ロールと弾性ロールを交互に組み合わせた構造を基本とし、原紙がこれらのロール間を通過する際に加圧されることで上記した性能が付与される。

紙の種類や用途によって主に２種類のカレンダーが使い分けられ、その１つは広く用いられるスーパーカレンダーである。先述した金属ロールと弾性ロールの組合せ１組を“１ニップ”（ニップとはロールとロールの接触部のこと）と数えるが、これが複数段積み重ねられており、ニップ数が増すほど光沢・平滑性は高くなる。目安として一般の印刷用紙の場合には８〜12段程度、平滑性・高光沢が要求されるアート紙などは10〜14段程度とされ、グラシン紙など特殊な紙になるとさらに多段のカレンダーが使用される。また、ニップにおける圧力も重要な要素であり、品種や求める紙の性質に合わせて最適なニップ数とニップ圧が採用される。ちなみにSC紙の「SC」は、スーパーカレンダーの略。

もう１種類はソフトカレンダーで、カレンダリング時の加圧による紙厚の減少を極力抑えたい場合に使用される。紙は表面温度を上げると光沢が出やすくなる性質をもつため、ソフトカレンダーでは材質の工夫などによってロールの表面温度を通常のカレンダーより高くし、一方でニップ数や圧力は減らして紙厚を維持する。通常２～４ニップの処理が行われ、ロール表面温度は百数十～200℃程度とされるが、なかにはこれを超えるものもある。高速運転が可能なためオンマシンに対応できる利点があり、スーパーカレンダーほどの処理効果は得られないものの、嵩高と光沢・平滑性を両立したい品種や、非塗工の新聞用紙などで多用され、最近ではより幅広い対応が可能な機種も開発されている。

上記のほか、マット系の紙をつくる際には用紙表面で光が乱反射するような処理を施す必要があり、この場合にはロール表面に微細な凹凸をつけた特殊なカレンダーが用いられる。

なお、カレンダーにはコーター（前項参照）と同様オフマシン式とオンマシン式があり、オンマシンカレンダーについては「抄紙工程」に含めることも多い。また、コーターもオフマシン機は仕上・加工設備とされる場合があり、区分は必ずしも明確ではない。

カレンダー処理された紙はワインダー（巻取機）によってリールに巻き取られ、場合によってはリワインダーで巻き直して所定の長さ・幅に揃えられるが、この際に両耳部（ロール両端）をカットする（スリッティング）とともに不良品などは除去され、巻取製品が完成する（リール後の仕上加工を行う巻取機をワインダーと呼ぶ場合もある）。さらに平判製品の場合はシートカッターを用いて所定の寸法に断裁される。

こうして出来上がった紙は検品後、包装され出荷されるが、その際使用する包装機にも、製品形態（ロール、平判など）、包装資材（クラフト紙、シュリンクフィルムなど）に合わせ多様な機種がある。また、巻取ロール側面などにラベルを貼るラベリング装置や履歴等を印字するプリンター、平判の積替装置、コンベア等の搬送装置、ロール製品のハンドリング装置、自動倉庫なども広義には仕上加工設備の一部である。

## 二次加工

# 多様な用途に合わせて機能を付与

「仕上・加工」した紙を、さらに細かな用途・目的に合わせて加工する工程を指し、昨今では脱プラ・減プラに向けたいわゆる“紙化”にも大きな役割を果たしている。なお、近年は専用の装置や薬品を使うことなく、各種機能性インキを用いた印刷のみで特定の機能を付与する場合も増えてきたが、ここでは旧来からある主な二次加工技術について紹介する。

**貼　合**　「ラミネート」とも呼び、複数の素材（紙やフィルム同士、紙+フィルムなど）を貼り合わせる加工。印刷物などでは大まかに加熱または常温で行う2方法、また紙器などにおいてはドライ、ウエット、押出、ホットメルトなどの方法が用いられる。このうちドライラミネートは有機溶剤で希釈した接着剤を基材に塗布し、乾燥させた後にもう一方の基材へ圧着する加工法だが、最近は環境配慮から無溶剤型やエマルジョン型（接着剤を水に分散）の接着剤が多く用いられる。また、ウエットラミネートはエマルジョン型接着剤などで貼り合わせた後に乾燥させる方法で、水分を透過する基材に適する。押出ラミネートは合成樹脂などをエクストルーダー（押出機）を用いて加熱溶融しながら押し出し、圧着する方法。

**含　浸**　樹脂液などに原紙を浸し、繊維中に樹脂を染み込ませる。古くからある代表的な製品にバルカナイズドファイバーがあり、これはリンター（木綿）紙などを塩化亜鉛溶液に浸し、加工性、耐衝撃性、耐摩耗性、絶縁性等を付与したものである。主要設備は含浸装置と乾燥機。

**蒸　着**　紙やフィルム表面にアルミなど金属の薄膜を均一に付与する。真空下、加熱によって気化または昇華させた蒸着材料を基材表面に付着させる真空蒸着法、真空中に不活性ガスを導入し、放電によって発生させたプラズマ中のイオンをぶつけ、これによって材料から叩き出された原子が基材に薄膜を形成するスパッタリング法が主な加工法。

**型　付**　いわゆる「エンボス加工」のことで、壁紙などへの加飾のほか、トイレットペーパーに柔らかさや肌触りの良さを与える目的でも使用される。エンボシングカレンダーにおいて模様などが施された彫刻ロールと弾性ロールの間に紙を通し、型や模様を付ける。

**打　抜**　刃物で板紙やラベルなどを所定の形状に打ち抜く加工法。雄型と雌型の間に基材を挟み、圧力をかけて打ち抜く方法が一般的。打抜機には給紙形状により枚葉式・巻取式がある。段ボール箱製造における展開型の打ち抜きなどにおいては、併せて押し罫（折曲げ線）も付けられる。

**折　り**　所定のパターンに紙を折りたたむ加工で、ティシュや医療用クロスなどで多用される。フォルダーと呼ばれる折り機が用いられ、カッターやエンボス装置を組み込んだ設備もある。

**製　函**　板紙などを打ち抜いた展開型を自動で函（箱）に組み上げる製函機が用いられ、製函時に糊付け（グルアー加工）を行う場合もある。

コルゲート　段ボールシートの製造・加工技術で、中芯を段成形するとともに接着剤を塗布してライナーを貼り合わせる。主装置はコルゲーターで、原紙掛け装置（ミルロールスタンド）、中芯と原紙（裏）を貼り合わせ片段をつくるシングルフェーサー、表原紙を片段に貼り合わせるダブルフェーサー、断裁用カッターや積み付けを行うスタッカーなどで構成。また、コルゲーターに原紙を供給するスプライサーは高速化に貢献する。

**製　袋**　製袋機を用いて紙袋をつくる。セメント、飼料などを封入する重包装袋には主にクラフト紙が用いられ、内容物によっては紙を複数層にして糊付け後チューブ状に切断し、さらに底を折り曲げて糊付け・ミシン縫製する。手提げ袋など小型の紙袋（軽包装袋）や封筒についても角底、平底など形状に合わせた製袋機が用いられる。

## 紙・板紙の規格

# まずは自社や取引先のブランドを覚えよう

ハンドメイドの手すき和紙を除けば紙・板紙は近代的な工業製品なので、当然ながら各種の「規格」が存在する。つまり、紙・板紙の種類に応じて寸法や面積、重量など、それぞれ規格が定められている。この規格はかなり細部にわたり、例えば寸法についても、印刷物の仕上げに際して切り落とす端の部分まできっちり計算されている。こうした規格については実際の現場で確認しながら覚えるのが一番だが、ここでは基本的な事柄に限って説明していこう。

製紙メーカーやその代理店、卸商など紙・板紙関連企業の多くは、ユーザーとの取引に際して通常、その銘柄（ブランド名）でやりとりする。そこで、とくに代理店・卸商の営業担当などはそうだが、紙の規格や寸法を覚える前に、まず仕入先メーカーが品ぞろえしている対象品種の銘柄をすべて覚えなければならない。

例えば、あってはならないことだが異物の混入による変色や臭いなどが発生して、その製品を回収しなければならなくなった場合、ユーザーがもっとも知りたい情報は「どの銘柄で混入があったのか」という点で、印刷会社などから代理店や卸商に対して問い合わせが殺到する。これも銘柄による取引が一般的だからだ。

ところで紙には薄くて軽いというイメージがあるが、まとまると意外に重いものだ。例えば1m$^2$当たり70g程度（これを「米坪」とか「坪量」「听量」などという）の紙でも、洋紙の単位の１つである連量（1,000枚）にすると［70g × 1,000枚＝ 70kg］となり、とても１人では持てない重量になる。したがって倉庫や物流の現場では、搬送用の重機（フォークリフト）や車輌（トラックなど）が欠かせない。

仮に、ある紙卸商が、ユーザーの印刷会社から「琥珀N」（上質書籍用紙を代表する銘柄の1つで日本製紙品）の四六判72.5kg（米坪84.3g/m$^2$）品を3連（3,000枚）届けてほしい」と急にいわれても、200kgを優に超える重さの用紙を営業担当者が担いで届けるわけにはいかず、トラックかバンタイプの車輌で運ぶしかない。

ちなみに一般的な印刷用紙のなかの「上質コート（A2コート）紙」という品種で主要メーカーの銘柄を、以下に少しピックアップしてみる。

〔**各社の代表銘柄**〕■OKカサブランカZ、OK嵩王、OKコートNエコグリーンEF（王子製紙）■Sユトリロコート、FSユトリログロスマットナチュラル（大王製紙）■雷鳥コート、レジーナ雷鳥マットZ（中越パルプ工業）■アルティマグロスWX、ユーライト、シルバーダイヤS（日本製紙）■ミューコートネオス、HSブランデル、ミューマット（北越コーポレーション）■パールコート、ホワイトニューVマット（三菱製紙）

さまざまな銘柄があるが、「OK」と付けば王子、人気画家の「ユトリロ」は大王、「雷鳥」は中パ、「アルティマ」は日本、「ミュー（μ）」は北越、「パール」は三菱など、少し慣れてくれば類推ができる。

## 紙の「1連」と板紙の「1連」では枚数が異なる

以下では紙・板紙の規格について要点のみを記す。それぞれの具体的な事柄は実地に学んでほしい。

まず紙（洋紙）は1,000枚、板紙は100枚をまとめて「1連」と呼ぶ。取引先から「上質紙を50連用意して」といわれれば、上質紙と呼ばれる品種の紙を1,000枚×50＝5万枚用意するという意味になる。同じく「白板紙を20連」と言えば、白板紙という品種の板紙2,000枚を表す。

ただし紙でも、衛生用紙とか雑種紙、その他の特殊な用途に使われるものは「連」で呼ばない。例えば衛生用紙のトイレットペーパーは、銘柄で取引される点では同じだが、単位はケースが基本となる。1パックに長さ60mのトイレットペーパーが12個入っている標準的な製品だと、取引単位はケース（通常は1ケース8パック入り＝つまり96ロール分）となる。

表1. 日本工業規格の仕上寸法

| 番号 | 取数 | 枚数 | 寸法（mm） | |
|---|---|---|---|---|
| | | | 【A列】 | 【B列】 |
| 0 | – | – | 1,189 × 841 | 1,456 × 1,030 |
| 1 | 1取 | 2枚 | 841 × 594 | 1,030 × 728 |
| 2 | 2取 | 4枚 | 594 × 420 | 728 × 515 |
| 3 | 4取 | 8枚 | 420 × 297 | 515 × 364 |
| 4 | 8取 | 16枚 | 297 × 210 | 364 × 257 |
| 5 | 16取 | 32枚 | 210 × 148 | 257 × 182 |
| 6 | 32取 | 64枚 | 148 × 105 | 182 × 128 |
| 7 | 64取 | 128枚 | 105 × 74 | 128 × 91 |
| 8 | 128取 | 256枚 | 74 × 52 | 91 × 64 |
| 9 | 256取 | 512枚 | 52 × 37 | 64 × 45 |
| 10 | 512取 | 1,024枚 | 37 × 26 | 45 × 32 |

注1）「取」とは「面取」とも言い、折りの数と同じ　注2）「枚数」は各0判から見た枚数

次に寸法の単位だが、紙はミリメートル（mm）、板紙はセンチメートル（cm）を基本の単位とし、割り切れない場合は少数点以下を切り捨てる。

例えば「上質紙の636 × 939」と言えば、縦636mm ×横939mmの上質紙（この寸法は「菊判」と呼ばれる大きさ）を指す。また「マニラボールの82 × 73」といえば、縦82cm ×横73cmのマニラボールという板紙のことだ（このサイズは「S判」と呼ばれる）。

また紙には製造段階の大きさを表す「規格寸法（原紙寸法）」と、販売する商品としての大きさである「仕上寸法」の二通りがある。製品として仕上げる際には、原紙を所定の大きさにカットする必要があり、このため原紙寸法の方が仕上寸法よりやや大きめに作られている。

洋紙の「**仕上寸法**」にはA列とB列がある。A列は、われわれが通常「A3」とか「A4」などと呼ぶサイズの系列で、B列は同じく「B4」とか「B5」などの系列。

A列は1,189 × 841mm、B列は1,456 × 1,030mmを基本の大きさ（これらを「0判」という）とする。もともと、日本国有の規格であるB判の方が大きいサイズだ。この基本の大きさの半分が「1判（A1判、B1判）」、そのまた半分を「2判（A2判、B2判）」と呼び、数が多くなるほどサイズが小さ

表2. 紙の重量と寸法、米坪の関係

| kg 連量 kg/1,000 枚（連） | A 列本判 (g/㎡) | B 列本判 (g/㎡) | 四六判 (g/㎡) | 菊判 (g/㎡) | ハトロン判 (g/㎡) |
|---|---|---|---|---|---|
| 20.0 | 36.4 | 24.1 | 23.3 | 33.5 | 18.5 |
| 25.0 | 45.5 | 30.1 | 29.1 | 41.9 | 23.1 |
| 30.0 | 54.5 | 36.1 | 34.9 | 50.3 | 27.8 |
| 35.0 | 63.6 | 42.2 | 40.7 | 58.6 | 32.4 |
| 40.0 | 72.7 | 48.2 | 46.5 | 67.0 | 37.0 |
| 45.0 | 81.8 | 54.2 | 52.3 | 75.4 | 41.7 |
| 50.0 | 90.9 | 60.2 | 58.1 | 83.8 | 46.3 |
| 55.0 | 100.0 | 66.3 | 64.0 | 92.1 | 50.9 |
| 60.0 | 109.1 | 72.3 | 69.8 | 100.5 | 55.6 |
| 65.0 | 118.2 | 78.3 | 75.6 | 108.9 | 60.2 |
| 70.0 | 127.3 | 84.3 | 81.4 | 117.3 | 64.8 |
| 75.0 | 136.4 | 90.4 | 87.2 | 125.6 | 69.4 |
| 80.0 | 145.5 | 96.4 | 93.0 | 134.0 | 74.1 |
| 85.0 | 154.5 | 102.4 | 98.8 | 142.4 | 78.7 |
| 90.0 | 163.6 | 108.4 | 104.7 | 150.8 | 83.3 |
| 95.0 | 172.7 | 114.5 | 110.5 | 159.1 | 88.0 |
| 100.0 | 181.8 | 120.5 | 116.3 | 167.5 | 92.6 |

注）表の見方…一番上の1連20.0kgとは、例えばA列本判であれば米坪が36.4g/㎡の紙の1,000枚当たり重量を指す。20.0kgの次は20.5kg、21.0kg…となっており、この表は区切りのよい数値をピックアップしたもの。

くなっていく仕組みである（表1）。

例えばA1判（A列1番）は、長い方が1,189mmなので÷2＝594.5だから端数切り捨てで594mm、短い方はそのまま841mm（縦・横が逆になったので正しくは841×594mm）。以下、A2判は594×420mm、A3判は420×297mm（一般に「A3」と呼ばれるサイズ）の大きさということになる。ちなみに本書はA5判サイズである。

A・B各列の仕上寸法は前出・表1に示したとおり。A0判が全紙の大きさで、A1判はA0判を真ん中で一回折って2頁分を得る。つまり新聞用紙より少し大きめのサイズで、これがA0判からは2枚取れることになる。同じ理屈で、ずっと下へ進むとA10判（37×26mm）ではA0判から1,024枚も取れるが、これは証明写真などに使われるサイズである。

「**規格寸法**（原紙寸法）」の方は、洋紙サイズの名称として次の12種が使われている（カッコ内は寸法）。◆A列本判（625 × 880mm）◆B列本判（765 × 1,085mm）◆A列小判（608 × 856mm）◆四六判（788 × 1,091mm）◆菊判（636 × 939mm）◆地券判（591 × 758mm）◆三々判（697 × 1,000mm）◆艶判（508 × 762mm）◆艶倍判（762 × 1,016mm）◆ハトロン判（900 × 1,200mm）◆新聞用紙（813 × 546mm）◆B列四判（257 × 364mm）

また洋紙の重さ・重量だが、これは $1m^2$ 当たりの重量をグラムで表した「**米坪**」が最もポピュラーに使われ、「○ $g/m^2$」と表記される。こちらは小数点第2位以下を四捨五入する。さらに1,000枚分の重さを表した「**連量**」も日常的に使われる。「連量」＝面積（単位；平方メートル）×米坪× 1,000の計算式であり、単位はキログラム（kg）である（表2）。例えば米坪 $73.3g/m^2$ のコート紙で、四六判サイズ（788 × 1,091mm）の紙の連量は、次の計算式で導き出される。

| 連量＝（0.788 × 1.091m）× $73.3g/m^2$ × 1,000 ＝ 63kg |
|---|

続いて板紙の方は、サイズが次の13種ある。■L判 ■K判 ■M判 ■F判 ■S判 ■ワイシャツ判（Y判）■カッター判（C判）■ブラウス判 ■オープン判（O判）■ジュニア判 ■玩具判 ■食品判（3種）■ワイン判（酒判）。このうち、もっとも大きいサイズが玩具判で82 × 111cmある（表3）。

では、板紙の連量を計算してみよう。例えばL判（80 × 110cm）の白板紙で米坪 $160g/m^2$ の連量（板紙は100枚単位）は、

| 連量＝（0.8 × 1.1m）× $160g/m^2$ × 100 ＝ 14kg |
|---|

ということになる。

## 製品の出来映えや使いやすさを左右する流れ目

また、紙の「流れ目」も取引の際には重要なファクターとなる。紙は、抄紙機（しょうしき）と呼ぶ機械で原料のパルプを一定方向に流しながら製造するため（本書34頁「抄紙機の基礎知識」参照）、進行方向に繊維がそろう形で「紙の流れ目」ができる。この流れ目をどう使うかによって印刷物や

表3. 板紙の主な寸法

| 名　称 | 寸法（cm） |
|---|---|
| L判 | 80 × 110 |
| K判 | 64 × 94 |
| M判 | 73 × 100 |
| F判 | 65 × 78 |
| S判 | 82 × 73 |
| ワイシャツ（Y）判 | 61 × 106 |
| カッター（C）判 | 61 × 97 |
| ブラウス判 | 56 × 95 |
| オープン（O）判 | 56 × 64 |
| ジュニア判 | 54 × 88 |
| 玩具判 | 82 × 111 |
| 食品判（1） | 75 × 65 |
| 食品判（2） | 80 × 65 |
| 食品判（3） | 87 × 65 |
| ワイン（酒）判 | 68 × 94 |

出版物の使いやすさ、読みやすさが変わってくるので大変重要だ。

まず、紙の長辺と平行方向に繊維が流れている紙をタテ目（T目）の紙と呼ぶ。タテ目の紙の寸法を表す場合は788 × 1,091mmと小さい方の数字を先に表記する。これに対して、紙の短辺と平行方向に繊維が流れている紙をヨコ目（Y目）の紙という。流れ目がヨコ目の場合、寸法は1,091 × 788mmと大きい方の数字を先に表記する。紙は流れ目と平行方向（T目）に沿って破りやすく・折りやすく・折り目が割れにくく、逆に流れ目と垂直方向（Y目）に沿って破りにくく・折りにくく・折り目が割れやすい、という性質を備える。

これらの規格に合わせて作られた紙によって、さまざまな製品がつくられていくわけだが、規格を少しでも間違えて注文したりすると大変なことになる。というのは、1台の抄紙機（マシン）による製造単位がハンパではないからだ。

例えば北越コーポレーションの新潟工場で、塗工印刷用紙を製造しているN-9というマシン（同工場には計8台のマシンがある）の性能を少し紹介すると、ワイヤー幅（紙料を乗せるため網目状に織られた抄紙用具の幅）が10m以上（1,070cm）もある。ピンとこないかもしれないが、これを縦にすると、ビルの地上3階分超に相当する。紙を抄くときのスピードは毎分1,600mで、1日当たりの生産能力は約1,080tである。1日24時間稼働だとすると1時間に45t、1分当たりに換算すれば750kgという重さになる。1分ごとに750kgもの紙が、猛烈なスピードで巻き取られていく壮観な光景を思い浮かべてほしい。

## 紙・板紙の種類

# 洋紙は5種類、板紙は3種類に分かれる

紙と板紙を合わせた2023年の生産量は約2,200万tで、その内訳は紙が約1,043万t（構成比：47%）、板紙が約1,158万t（同：53%）。厚い“板紙”が薄い“紙”の生産を上回っているが、実は2019年以前は一貫して紙の方が板紙より多かった。20年以降は主にグラフィック用の紙とパッケージ用の板紙という用途の違いから生じる明暗が、コロナ禍によって一段と強まっている。

ちなみに業界で“紙”と称した場合、通常は“洋紙”のことを指す。だから冒頭のように“紙と板紙”といえば、“洋紙と板紙”のことだと理解してほしい。ただし“紙業界”または“紙産業”などという表現もあって、これはそれぞれ“紙・板紙業界”、“紙・板紙産業”を指す場合が多い。この辺りは少し混乱しやすいが、品種を示す場合の“紙”は洋紙、業界を表す場合や一般的な名詞としての“紙”は洋紙と板紙の総称だと覚えておこう。例えば“製紙産業”という文字のなかに“板”の字は含まれていないが、これは洋紙産業と板紙産業の総称である。

## 主にグラフィック用途の洋紙と、パッケージ用途の板紙

2,200万tの生産量といわれてもピンと来ないが、これを最大積載量10tのトラックで運ぶとすると、およそ220万台。土日曜や祝祭日を除いて、毎日7,000台以上の大型トラックが日本全国へ紙・板紙を運んでいる計算になる。この大量の紙・板紙だが、大まかな品種区分としては8種類にまとまり、覚え方としては“ようご・いたさん（洋5・板3）”となる。つまり

洋紙が5種類、板紙が3種類である。

まず、大きくは【洋紙】と【板紙】に分類される。このうち【洋紙】は概して薄くて柔らかい紙を指し、対して【板紙】はその名のように板状になった厚くて丈夫な紙だと区別できる。新聞や書籍・雑誌、コピーなどに使われる用紙は【洋紙】であり、宅配便の段ボール箱や菓子・贈答品の外箱などに使われる用紙は【板紙】に分類される。製法面でいうと、洋紙は単層抄き（ワイヤー上に載せた紙料を一度だけプレスしシート状にしたもの）、板紙は多層抄き（シート状になった紙料を複数重ね合わせたもの）という違いがある。これは、梱包・輸送用に使う板紙の方が高い強度を要求されるからだ。

洋紙・板紙のなかでも、その目的とする用途によってそれぞれ原料や製造法などが異なり、細分類されている。

このうち**【洋紙】**は次の5種。

①新聞巻取紙 ②印刷・情報用紙 ③包装用紙 ④衛生用紙 ⑤雑種紙

また**【板紙】**は次の3種に大別される。

①段ボール原紙（段原紙）②紙器用板紙 ③その他の板紙

【洋紙】のなかの主要5品種、【板紙】のなかの3品種が、それぞれの分野でどの程度の生産量割合（%）を占めているかを以下に示す（2023年実績。カッコ内は22年の数値）。

【洋紙→100%】①新聞巻取紙→16.0%（16.4%）②印刷・情報用紙→53.2%（53.2%）③包装用紙→7.3%（7.5%）④衛生用紙→17.5%（16.6%）⑤雑種紙→6.0%（6.3%）

【板紙→100%】①段ボール原紙→82.2%（82.3%）②紙器用板紙→12.9%（12.6%）③その他の板紙→4.9%（5.0%）

2023年と22年を比べると、洋紙では新聞用紙と包装用紙のウエイトがわずかに低下し、その分、衛生用紙の割合が高まっている。また板紙では紙器用板紙の比率がわずかに上昇した。

【洋紙】のうち、もっともボリュームの大きいのが「印刷・情報用紙」で、洋紙全体の半分強を占めている。これを「印刷用紙」と「情報用紙」に分けると、「印刷用紙」の方が断然多く、洋紙全体の4割強（43%）を占める。次いで多いのが「衛生用紙」の18%、「新聞巻取紙」の16%と続き、「包装用紙」が7%、「雑種紙」が6%という割合。

同じように【板紙】をみると、圧倒的に大きいボリュームは「段ボール原紙」で板紙全体の8割を超える。次いで「紙器用板紙」の13%、「その他の板紙」の5%という順だ。

以下、それぞれの特徴などを紹介しよう。

## 用途に応じて最適の紙・板紙を選ぶことが重要

**【洋紙】**は以下の5種に大別される。

**〔新聞巻取紙〕**新聞の用紙に使われる紙で、ロール状に巻き取った姿で保管・出荷されることから、「巻取紙」と名づけられている。木材から得られるフレッシュパルプと古紙（新聞古紙）を原料として作られるが、割合としては後者が圧倒的に多い。高速印刷しやすいようにある程度の強度が求められる半面、薄くても裏写りしない（文字や絵が裏面に写らない）設計とか、用紙自体の軽さ（輸送の効率化や配達員の負担軽減のため）が求められる。重量では1m$^2$当たり43gの“超軽量紙”と呼ばれる用紙が全体の半分以上を占めるが、2023年は物流費や原料古紙価格の上昇を背景に40gという“超々軽量紙”の割合が41%まで高まっている。

**〔印刷・情報用紙〕**主に印刷用途に使用される紙＝「印刷用紙」と、各種情報機器のアウトプット用などに使用される紙＝「情報用紙」を一括りにして、「印刷・情報用紙」と呼ぶ。「印刷用紙」はインキを乗せることに適した用紙であり、さらに4種類に分けられる。「情報用紙」は情報を記録することに適した用紙であり、6種類に区分される。

「印刷用紙」の4種は次の通り。

◇非塗工印刷用紙…紙の表面に光沢を出すためのコーティング剤が塗布

されていないもので、幅広い用途に使用される。グレードによって「上級印刷紙」「中級印刷紙」「下級印刷紙」の３種と、手帳や辞書の本文用紙などに使用される薄いタイプの「薄葉印刷紙」に分けられる。さらに「上級印刷紙」以下、それぞれに細分類がある。

◇微塗工印刷用紙…印刷適性を向上させるため、紙の表面に微量の顔料を塗布する加工を施したもの（「微量」の「微」を取って名づけられた）。非塗工印刷用紙と塗工印刷用紙の中間に位置する。雑誌の本文、チラシ、カタログなど商業印刷に幅広く使用される。

◇塗工印刷用紙…印刷適性をさらに向上させるため、紙の表面に一定量の塗料を塗布したもの。いわゆる艶と光沢のある紙である。塗布量や原紙のグレードなどによって、アート紙、コート紙、軽量コート紙などに分類され、主としてビジュアル性の高い商業印刷に使用される。情報用紙を除き、印刷を目的とした用紙の半分強がこの品種である。

◇特殊印刷用紙…染色した「色上質紙」、通常はがきなどの「郵便はがき用紙」、小切手や証券、各種の装飾を施したファンシーペーパーなど特殊な用途に使われる「その他特殊印刷用紙」が含まれる。

続いて「情報用紙」の６種は次の通り。

○複写原紙…複写用の紙で、カーボンペーパーのあるものとないもの（ノーカーボン）に分類 ○感光紙用紙…製図などで使われる、青写真（ジアゾ感光紙）用の原紙 ○フォーム用紙…コンピュータのアウトプット用として、特定の形式をもった紙の原紙 ○ PPC 用紙…一般に“コピー用紙”と呼ばれる、普通紙複写機に使用される紙 ○情報記録紙…感熱紙原紙と、それ以外の熱転写紙、インクジェット紙などから成る ○その他情報用紙…統計カード、磁気記録紙原紙、OCR 紙、OMR 紙など、主としてコンピューターのインプット用に使用される紙。

〔**包装用紙**〕文字通り、物を包装するために使用される紙である。漂白していない未晒包装紙と漂白した晒包装紙に分類される。原料のパルプを晒して白くしたものが「晒包装紙」で、手提げ袋や封筒、包み紙、各種の袋などに使用される。晒していないものが「未晒包装紙」で、セメント袋や米麦袋、果実袋のほか事務用封筒などにも使われる。

**〔衛生用紙〕**ティシュペーパーやトイレットペーパー、タオル用紙など衛生用に使用されるために作られた薄い紙である。

**〔雑種紙〕**建材や食品容器など、主に加工して使用する各種の加工原紙である。用途が多岐にわたるが、1つひとつの生産量自体は少ない。

洋紙全体のメーカー別シェア（22年）は①日本製紙＝21.6% ②王子製紙＝17.7% ③大王製紙＝14.8% ④北越コーポレーション＝10.0% ⑤中越パルプ工業＝5.6% ⑥三菱製紙＝4.1% ⑦丸住製紙＝2.6%—などとなっている。

**【板紙】**は次の3種に大別される。

**〔段ボール原紙〕**“ボール”を略して段原紙とも呼び、段ボール箱を作るための原紙である。板紙全体の8割強を占める。表面と裏面に使用される「ライナー」と、波状に加工されて中にサンドイッチされる「中芯原紙」とに分類される。ちなみに中芯原紙で作った段々をフルートと称し、その数によってAフルートとかBフルートなどと呼ばれる。

**〔紙器用板紙〕**紙箱や厚めのカードなどを作るための原紙。白く高級感のある「白板紙」と、書籍の芯やブックケース、洋服箱などに使用される「黄・チップボール」、「色板紙」の3品種がある。

**〔その他の板紙〕**古紙、繊維ボロなどを原料とし、アスファルトやタールなどを含浸させて防水性をもたせた建築用途や、耐火性の壁材である石膏ボードに使用される「建材原紙」、紙・布・セロファン・テープ・糸などの巻芯や、紙筒などに用いられる「紙管原紙」などがある。

板紙の大手メーカーとシェア（22年）は、①王子マテリア＝23.1% ②レンゴー＝16.9% ③日本製紙＝13.0%、④大王製紙（含：いわき大王）＝10.5% ⑤特種東海製紙（含：新東海製紙）＝4.1% ⑥興亜工業＝3.7% ⑦丸三製紙＝3.6% ⑧北越コーポレーション＝3.2% ⑨福山製紙＝2.3%—となっている。

## 不織布とは

# 低コストと高機能性の両立により多分野で活躍

不織布とは、織ったり編んだりせずに繊維を一方向あるいはランダムに配列して「ウェブ（薄綿）」を作り上げた後、その繊維の１本１本を交絡または融着、接着などの方法により結合させて製造した布（シート）のことである。織らないから“不織布”、英語でノンウーブンファブリック（Non-woven fabric）という。したがって、本来であれば紙やフェルトも不織布に含まれるが、不織布という概念が生み出される以前より両者が存在し、個々に定義を定めていたこともあり、JISはこれらを不織布に含めてはいない。国内では当初、衣料用芯地向けとして需要を拡大したが現在は医療・衛生や生活関連、自動車資材向けなどが主となっている。

最大の特徴は、綿やウールなどの天然繊維だけでなくポリエステルやナイロンといった合成繊維をはじめ、ガラス繊維や炭素繊維などほぼすべての繊維を原料として使用できる点にある。織布工程を必要としないので早く・安く・大量に生産することができ、マスクや紙おむつ、医療用ガウンなどの「ディスポーザブル（使い捨て）製品向け」として最適なほか、使用繊維の特徴を生かすことで強靱性や吸・放湿性、吸音性、ろ過性能などを発揮する各種の産業用資材として活躍している。

製造方法は既述の通りウェブを作り上げる「形成工程」と、繊維の１本１本を結合する「接着（接合）工程」の２つで構成される。ウェブの形成方法は湿式と乾式（カード式、エアレイ式）および紡糸直結式（スパンボンド、メルトブロー、フラッシュ紡糸）の３つに大別することができ、こうして形成されたウェブの強度を高めるために行うのが接着工程で、接着剤を用いる化学的接着法（ケミカルボンド）と、加熱溶融した物質を用いて接着させる熱的接着法（サーマルボンド）のほか、機械的な力を用いてウェブ中の繊維同士を絡み合わせて結合させる機械的結合法（ニードルパンチ、スパンレース、ステッチボンド）などがある。不織布はこうしたいくつもの形成法と接着法を組み合わせながら、各種のニーズに対応した性能や品質が開発されていくことになる。すなわち、不織布の性能は①原料繊維（繊維の種類；化学的・力学的・熱的性質、繊維の形態；繊維長・繊度・断面形状・側面形状・クリンプの有無）、②形成法（形成法の種類・ウェブ中の繊維配向状態）、③結合方法（結合方法、結合点の状態）、④仕上加工法（物理的;エンボス・柔軟・コンパクト・ニードルパンチ、化学的；ラミネート・コーティング・衛生）、ハイテク技術応用加工（マイクロ波・超音波・はっ水）などの要素によって構成されることになる。

長所は、①高生産性、②製造工程が短い、③製造コストが低い、④多種多様な製品を製造可能、⑤複合化のしやすさ、⑥スペックに合わせた設計が容易、の６つであり、こうした長所と不織布の構造的な特徴、つまり①多孔質、②嵩高、③繊維集合体、という３つを生かすことで、①ろ過（フィルター媒体）、②遮断・分離（断熱、防音、遮水）、③保護（防護服、バクテリアバリア材）、④吸収（ワイパー類）、⑤排水・透水（ドレーン材）、⑥包装、⑦補強、などさまざまな用途が開発されている。

近年、積極的に活用されている分野は、環境関連や医療・衛生、家庭用雑品など。環境関連では優れた多孔質構造を活かした機能性フィルター用途や、生分解性繊維を使用した製品などが拡大。衛生関連では、大人用紙おむつや軽失禁用途などの需要が増大中で、乳幼児用紙おむつや生理用品では高品質化が進行している。他方、医療分野では外科手術用の不織布製ガウンやドレープ、そしてマスクなど感染防止対策用途として活躍。家庭用雑品分野ではワイパー類への進出が顕著で、フェイスマスクなどコスメティック製品も大きな市場を形成する可能性を秘めている。また、海外では発展途上国での経済発展や、世界人口の増加ならびに地球環境問題への対応策、あるいは資源の有効活用や水・空気の浄化策としての利用に期待が寄せられている。

国内生産は、2008年発生のリーマン・ショックの影響で2年連続の減少を余儀なくされた後、順調に数量を回復し17年に34万3,013tと過去最高記録を更新。ただ、17年以降は18年34万751t、19年32万439t、20年30万1,566t、21年30万257tと減少傾向にあり、22年はついに30万t台を割り込み、23年は26万9,268tとなった。ただ、これには日系企業による海外生産の拡大が影響しており、日本不織布協会の調査によると、日系メーカーによる2022年の海外不織布生産量は31万1,040tと、この10年でほぼ倍増している。この結果、国内と海外を合わせた同年の総生産量は60万3,300t、海外生産比率は51.6%に上昇、海外生産が国内生産を上回る状態が2019年以降続いている。

近年の開発動向は、①極細・ナノ繊維不織布、②快適素材の追求、③サステナブル素材の利用、の3つが挙げられる。①は海島繊維や分割繊維などと不織布の組合せや、メルトブローン、SMS、エレクトロスピニング、フラッシュ紡糸など特殊な製造技術の開発、パラ系アラミドナノ繊維やセルロースナノ繊維など特殊繊維を用いたナノ繊維化技術の開発が進行。②は伸縮性やバックストレッチ性をもつエラストマー樹脂・繊維や捲縮繊維、通気・透湿性を発揮するマイクロ繊維などによる、衣料や衛生用品の着用・肌ざわり・耐久性などを向上させるための技術開発が進められており、③では植物由来原料や生分解性繊維、反毛繊維処理用の不織布設備の開発などが進められている。

また、不織布産業におけるキーワードは、「環境」「健康」「家庭」の3つを挙げることができ、量的にはスパンボンド不織布が牽引役となりながら、医療・衛生、家庭・生活関連分野の拡大が継続する見込みにある。当初は織物や編物の代替だった不織布だが、このように各種の機能を活かすことでその用途はますます拡大している。

# 知っておきたい
# ～紙パの原燃料事情

## ③

## 原料事情 — 総論

# 主原料は古紙だが、パルプの重要性は不変

紙・板紙を製造するための原料を業界では「繊維素原料」と呼んでいる。そのほとんどは「パルプ」と「古紙」だが、そのほかにも少量ながら「古紙パルプ」や「その他繊維素原料」が使われている。わが国では2023年に1,043万tの紙と1,158万tの板紙、合わせて2,201万tが生産された。この2,201万tをつくるために使われた繊維素原料の数量と構成比を示したのが表1である。古紙+古紙パルプで67%に達し、パルプの33%を大きく上回っている。

このように数字でみる限り、わが国製紙産業の主原料は間違いなく古紙だ。しかし古紙とは「一度、紙・板紙製品として使われた後に回収された繊維素原料」なので、元をたどればやはりパルプである。したがって1次原料=パルプ、2次原料=古紙と区分し、「わが国の製紙原料に占める2次原料の割合は6割を超えている」といった表現をしたりする。ちなみに古紙のことを米国では「リカバード・ペーパー（Recovered paper = RCP）」と呼んでおり、欧州では「PfR（Paper for Recycling）」と呼ぶのが一般的だ。

日本における古紙（古紙パルプを含む=以下同）67%：パルプ33%という原料消費の割合はすべての紙・板紙の平均値であり、個々にみると製造品種によってその消費割合は大きく変わってくる。すなわち前出・表1で明らか

表2. わが国の繊維原料構成比推移

| 種　類 | 2003年 | | 2008年 | | 2013年 | | 2018年 | |
|---|---|---|---|---|---|---|---|---|
| | 消費量 | 構成比 | 消費量 | 構成比 | 消費量 | 構成比 | 消費量 | 構成比 |
| パルプ | 12,152 | 39.7% | 11,778 | 38.0% | 9,593 | 36.0% | 9,434 | 35.6% |
| 古紙パルプ | 165 | 0.5% | 133 | 0.4% | 104 | 0.4% | 88 | 0.3% |
| 古　紙 | 18,243 | 59.6% | 19,013 | 61.4% | 16,934 | 63.5% | 16,957 | 64.0% |
| その他 | 35 | 0.1% | 31 | 0.1% | 31 | 0.1% | 34 | 0.1% |
| 繊維原料計 | 30,594 | 100.0% | 30,954 | 100.0% | 26,661 | 100.0% | 26,512 | 100.0% |

表 1. わが国の製紙用繊維原料消費量（2023 年）　（単位：1,000t）

| 品種 | 合計 消費量 | 合計 構成比 | 紙 消費量 | 紙 構成比 | 板紙 消費量 | 板紙 構成比 |
|---|---|---|---|---|---|---|
| 晒クラフト | 6,118 | 27.2% | 5,622 | 54.8% | 496 | 4.1% |
| 未晒クラフト | 866 | 3.9% | 599 | 5.8% | 267 | 2.2% |
| 機　械 | 363 | 1.6% | 361 | 3.5% | 2 | 0.0% |
| その他 | 83 | 0.4% | 67 | 0.6% | 17 | 0.1% |
| パルプ | 7,430 | 33.1% | 6,649 | 64.8% | 781 | 6.4% |
| 古紙パルプ | 92 | 0.4% | 79 | 0.8% | 13 | 0.1% |
| 上白・カード | 57 | 0.3% | 10 | 0.1% | 47 | 0.4% |
| 特白・中白・白マニラ | 32 | 0.1% | 1 | 0.0% | 31 | 0.3% |
| 模造・色上 | 1,435 | 6.4% | 1,213 | 11.8% | 222 | 1.8% |
| 茶模造 | 25 | 0.1% | 7 | 0.1% | 18 | 0.1% |
| 切付・中更反古 | 53 | 0.2% | 43 | 0.4% | 10 | 0.1% |
| 新　聞 | 1,996 | 8.9% | 1,827 | 17.8% | 168 | 1.4% |
| 雑　誌 | 1,922 | 8.6% | 387 | 3.8% | 1,535 | 12.6% |
| 段ボール | 9,052 | 40.3% | 15 | 0.1% | 9,037 | 74.0% |
| 台紙・地券・ボール・込新 | 349 | 1.6% | 0 | 0.0% | 348 | 2.9% |
| 古　紙 | 14,920 | 66.4% | 3,503 | 34.1% | 11,418 | 93.5% |
| その他繊維素原料 | 33 | 0.1% | 27 | 0.3% | 6 | 0.0% |
| 繊維素原料合計 | 22,475 | 100.0% | 10,257 | 100.0% | 12,218 | 100.0% |

なように、紙ではパルプの消費割合が 65%と高い。逆に、板紙では古紙の消費割合が 93%と 9 割以上を占めている。

古紙とパルプの消費割合は時代とともに変化してきた。消費量と構成比がどのように移り変わってきたかを、過去 20 年にわたり 5 年ごとの推移で眺めたのが表 2 である。2003 年の構成比をみると古紙が 60%、パルプが 40%で、両者の差は 20 ポイント。しかし 10 年後の 13 年には古紙 64%、パルプ 36%と 28 ポイントの差がついている。以降、古紙の比率が少しずつ上昇し、パルプの比率は少しずつ低下して 23 年の 67：33 に至っているわけだ。23 年と 03 年の消費量を比較すると、パルプが△ 472 万 t（△ 39%）と大きく減っているのに、古紙は△ 332 万 t（△ 18%）と落ち幅が少ない。なお、日本の製紙産業は 5 年ごとに古紙利用率の新たな目標を立てて取り組んできたが、2021 ～ 25 年度については利用率が上限に近づいていることや需給の国際化なども考慮し、2016 ～ 20 年度と同じく「65%の達成を目指す」という目標を掲げている。

（単位：1,000t）

| 2023 年 消費量 | 2023 年 構成比 | 23-03 増減量 | 23/03 増減率 |
|---|---|---|---|
| 7,430 | 33.1% | -4,722 | -38.9% |
| 92 | 0.4% | -73 | -44.4% |
| 14,920 | 66.4% | -3,322 | -18.2% |
| 31 | 0.1% | -4 | -11.7% |
| 22,473 | 100.0% | -8,122 | -26.5% |

## 木材チップ

# 国産材の不振で輸入材の比率がさらに上昇

紙・板紙の１次原料となるのがパルプで、そのほとんどは木材からつくられる。木材パルプを生み出すパルプ材は針葉樹（N）と広葉樹（L）に分けられる。比較すると、N 材は概して北方系で繊維が長く、L 材は南方系で短い。したがってN 材が主に強度を要求されるパッケージ用途で用いられるのに対し、L 材はグラフィック用紙や衛生用紙の原料に使われることが多い。

パルプ材には一部で国産の原木（丸太）も使われるが割合としては少なく、ほとんどが「木材チップ」の形でパルプ工場に納入される。木材チップとは、表皮を取り去った木材をチッパーという機械で切削し縦横２～4cm、厚さ４～5mm 程度の小片にしたもの。こうすることで、製材の残材や低質材など建築・家具用には不向きな木材でも製紙原料として有効活用できるようになった。

パルプ材の消費量は、重量換算では2000 年の2,010 万 BDT をピークに少しずつ減ってきた。とくに09 年のリーマン・ショックでグラフィック用紙向けの木材パルプ生産が大きく落ち込んだことから、パルプ材の消費も11 年には1,600 万 BDT 台に減少。その後、19 年は1,500 万 BDT 台、さらに20 ～ 23 年はコロナ禍による経済低迷の影響で1,300 万～ 1,400 万 BDT 台まで減少した（表）。製紙原料に占める古紙のウエイトが少しずつ高まりつつあることに加え、主な用途であるグラフィック用紙の需要減少に歯止めがかからないため、コロナ禍が収束した後もパルプ材の消費が以前の水準に戻る局面は考えにくい。

2023 年の木材チップ消費量 1,372 万 BDT のうちN 材が 31％（430 万 BDT）、L 材が 68％（931 万 BDT）という構成になっている。また、これを国産・輸入別にみると、国産材が352万BDT、輸入材が1,010万BDTと後者の割合がかなり高く、輸入比率は74%に達している。樹種別ではNの輸入比率が37%にとどまっているのに対し、Lの方は91%にも達する。この輸入比率のことを「外材依存度」ともいう。日本の外材依存度は1980～2000年代に急上昇し、01年以降はおおむね70%代前半で推移してきている。

このように輸入材が増えてきた理由は、やはり経済性だ。日本は国際的にみると労務費が高く、また森林地帯の地形が概して急峻で機械化にも制約があって生産性を高めにくく、チップの調達コストが割高になる。それに比べて輸入材は現地の価格がもともと安いことに加え、80年代後半からの円高によって割安感が一段と高まった。

さらに輸入木材チップは専用船で一度に大量に運ばれるので、国内の林地から伐採するものより安い。勢い国産材の価格競争力は低下し林業に従事する人の数も減ったため、今後の木材生産についても国内にはあまり多くを期待できない状況にある。日本の製紙メーカーは、これまで供給ソースの多角化によって輸入チップを安定的に確保してきたが、近年はそれに「サステナビリティ」や「サーキュラーエコノミー」といった環境的な視点も加わり、産業植林、すなわち「森づくりからの紙づくり」を引き続き推進している。

わが国パルプ材の消費量と輸入比率の推移　(単位：千BDT)

| 暦　年 | 丸　太 | 針葉樹 | | | 広葉樹 | | | チップ計 | | | パルプ材合計 |
|---|---|---|---|---|---|---|---|---|---|---|---|
| | | 国産 | 輸入 | 計 | 国産 | 輸入 | 計 | 国産 | 輸入 | 計 | |
| 003年 | 351 | 3,337 | 2,679 | 6,016 | 1,531 | 10,845 | 12,377 | 4,869 | 13,524 | 18,393 | 18,744 |
| 比率 | <1.9%> | (55.5%) | (44.5%) | <32.1%> | (12.4%) | (87.6%) | <66.0%> | (26.5%) | (73.5%) | <98.1%> | <100.0%> |
| 08年 | 203 | 3,547 | 2,392 | 5,939 | 1,512 | 11,432 | 12,944 | 5,059 | 13,823 | 18,883 | 19,086 |
| 比率 | <1.1%> | (59.7%) | (40.3%) | <31.1%> | (11.7%) | (88.3%) | <67.8%> | (26.8%) | (73.2%) | <98.9%> | <100.0%> |
| 13年 | 157 | 3,497 | 1,419 | 4,917 | 1,426 | 9,469 | 10,895 | 4,923 | 10,888 | 15,811 | 15,968 |
| 比率 | <1.0%> | (71.1%) | (28.9%) | <30.8%> | (13.1%) | (86.9%) | <68.2%> | (31.1%) | (68.9%) | <99.0%> | <100.0%> |
| 18年 | 130 | 3,211 | 1,550 | 4,761 | 1,136 | 10,170 | 11,306 | 4,347 | 11,720 | 16,067 | 16,197 |
| 比率 | <0.8%> | (67.4%) | (32.6%) | <29.4%> | (10.0%) | (90.0%) | <69.8%> | (27.1%) | (72.9%) | <99.2%> | <100.0%> |
| 20年 | 119 | 2,937 | 1,258 | 4,194 | 1,024 | 8,058 | 9,081 | 3,960 | 9,316 | 13,276 | 13,395 |
| 21年 | 124 | 2,974 | 1,487 | 4,461 | 989 | 8,940 | 9,929 | 3,964 | 10,426 | 14,390 | 14,514 |
| 22年 | 116 | 2,941 | 1,606 | 4,547 | 890 | 8,909 | 9,799 | 3,832 | 10,514 | 14,346 | 14,462 |
| 23年 | 101 | 2,715 | 1,586 | 4,300 | 802 | 8,513 | 9,315 | 3,517 | 10,098 | 13,615 | 13,716 |
| 比率 | <0.7%> | (63.1%) | (36.9%) | <31.4%> | (8.6%) | (91.4%) | <67.9%> | (25.8%) | (74.2%) | <99.3%> | <100.0%> |
| /13年 | △35.3% | △22.4% | +11.7% | △12.5% | △43.7% | △10.1% | △14.5% | △28.6% | △7.3% | △13.9% | △14.1% |

1）丸太は08年以降、全量が国産。国産・輸入の比率を産出する時の分母には含めない
2）「比率」欄の<　>は材種別の割合、(　)は国産・輸入の割合
資料；経産省『紙・パルプ統計』、製紙連『パルプ材便覧』

## 違法伐採対策と森林認証

# 独自のDDシステムを構築し違法伐採に対応

テレビのドキュメンタリー番組などでも取り上げられることの多い世界各地の違法伐採。その多くは現地の住民を巻き込む形で組織的かつ大規模に行われており、各国政府とも種々の対策を講じているものの、広大な森林地が対象となるだけに根絶するのは容易ではない。しかも違法伐採の多くには国際的犯罪組織（環境マフィア）が絡んでいるといわれ、違法に伐採された材は密猟された象牙などと同様、そうした集団の活動資金源になる。

違法伐採が後を絶たないのは、それによって得られた用材を使おうとする企業・団体があるからで、違法に伐採された材を使わないという姿勢が世界中に浸透・定着すれば、違法伐採自体の根拠（経済的メリット）がなくなる。つまり違法な“需要”をなくせば、違法な“供給”を根絶できる。

こうした考え方に基づいて生まれたのが森林認証システムである。現在、世界にはFSC（森林管理協議会）やPEFC（汎ヨーロッパ認証スキーム）など複数の森林認証システムが存在し、日本にもSGEC（緑の循環認証会議）という仕組みがある。いずれも持続可能な森林経営が適正に行われていることを第三者が認証するもの。例えばFSCは、適切に管理された森林由来の材であることを証明する制度で、違法伐採の防止、環境負荷の低減、地域住民にとっての不利益回避などを目的としている。違法伐採問題の厄介なところは、自分でその気がなくても知らず知らずのうちに違法に伐採された材を使ってしまう危険性があることだが、第三者機関の認証を受けた木材のみを使用するようにすれば、そうしたリスクをあらかじめ回避できる。

FAO（国連食糧農業機関）が5年ごとに発表している『世界森林資源評価

2020』によると、FSCとPEFCによる認証森林面積は2014年の4億3,800万haから19年には4億2,600万haとわずかに減少した。また「森林セクターは世界のGDPに年間約6,000億ドル寄与し、5,000万人以上の雇用を創出している」とも指摘している。

日本では2016年5月に議員立法で「合法伐採木材等の利用及び流通の促進に関する法律（クリーンウッド法）」が制定され、翌17年5月より施行された。これにより、政府機関のみならず民間企業も含めたすべての木材利用者は同法に基づき、使用する木材および木材製品について合法性の確認が義務づけられた。そして、その確認行為はEUの木材規制法などと同様、デューディリジェンス（DD＝あらかじめ払ってしかるべき注意義務・努力）として行わなければならないとされている。また、この法律に基づいて合法性の確認を行う事業者は、国が認定する登録実施機関に登録することができる（任意）。これを受けて、17年10月には5団体がクリーンウッド法の登録実施機関として告示された。

製紙産業では、このクリーンウッド法の施行にともない、日本製紙連合会が中心となって2018年度から取り扱う全木材原料についてDDを行うため、EUの木材規制法、米国のレイシー法、豪州の違法伐採禁止法などのDDにも対応可能な独自のDDシステム「合法証明DDSマニュアル」を作成した。製紙連はその後、会員企業や関連企業の申請を取りまとめて、登録実施機関である（一財）日本ガス機器検査協会（JIA）に団体として一括申請を行った。23年3月現在、会員および関連企業30社が登録。こうした取組みの結果、合法性が確認された木材量は、わが国の木材総需要量の約4割でしかないこともわかった。

2023年グリーンウッド法が改正され、とりわけ輸入材について厳格になった。木材事業者は仕入先からの証明書の取得のほか、合法に伐採されているかを確認する義務を負い、違反業者は罰則も課せられることとなった。25年4月からの施行となる。

## パルプ

# エネルギーも自製できるKP生産が主流

すべての紙・板紙をつくるための素（もと）になる原料がパルプである。いいかえれば、パルプなくして紙・板紙は製造できない。こう書くと、「古紙からでも紙・板紙をつくれるのではないか？」と疑問を抱かれるかもしれない。しかし古紙にせよ木材チップにせよ、あるいはその他の非木材系繊維にせよ、それらがそのまま紙や板紙の原料になるわけではなく、古紙であればいったん古紙パルプを、木材チップであれば木材パルプを、非木材繊維であれば非木材パルプを製造して、そこから紙・板紙をつくる必要がある。つまり、どんな繊維原料を使ったとしても、紙・板紙を製造するためにはパルプ化という工程を経なければならないのだ。

ただし業界で何の前置きもなく「パルプ」といえば、通常は木材チップなどからつくったフレッシュパルプのことを指す。これに対して、古紙からつくったパルプは「古紙パルプ」または「再生パルプ」、非木材原料からつくったものであれば「非木材パルプ」と呼んで区別するのが一般的だ。以下、この項でもパルプの主流である木材パルプに限定して話を進めていく。

品種別にみた製紙用パルプの消費量推移を表に示した。2023年の消費量

表. わが国の製紙用パルプ消費量推移

| 品種 | 2003年 | | 2008年 | | 2013年 | | 2018年 | |
|---|---|---|---|---|---|---|---|---|
| | 消費量 | 構成比 | 消費量 | 構成比 | 消費量 | 構成比 | 消費量 | 構成比 |
| 晒クラフト | 9,362 | 30.6% | 9,406 | 30.4% | 7,805 | 29.3% | 7,813 | 29.5% |
| 未晒クラフト | 1,080 | 3.5% | 1,013 | 3.3% | 885 | 3.3% | 878 | 3.3% |
| クラフトパルプ | 10,441 | 34.1% | 10,418 | 33.7% | 8,690 | 32.6% | 8,691 | 32.8% |
| 機械パルプ | 1,544 | 5.0% | 1,236 | 4.0% | 817 | 3.1% | 645 | 2.4% |
| その他パルプ | 133 | 0.4% | 123 | 0.4% | 86 | 0.3% | 97 | 0.4% |
| 製紙用パルプ計 | 12,118 | 39.6% | 11,778 | 38.0% | 9,593 | 36.0% | 9,433 | 35.6% |
| 繊維素原料合計 | 30,594 | 100.0% | 30,954 | 100.0% | 26,661 | 100.0% | 26,512 | 100.0% |

約740万tのうち、約85%に当たる630万tが国内生産分で、残りの約15%(110万t)が輸入と推定される。2023年と20年前の03年を比較するとパルプ合計では39%も減っており、数量が伸びている品種は皆無。これはパルプの主用途であるグラフィック用紙の構造的な需要減少という09年以降のトレンドのほか、この間にパルプから古紙への原料転換が進んだことを示している。

品種別にみるとKP（クラフトパルプ）は、現在のパルプ製造において主流である硫酸塩法によって製造されたパルプで、うち漂白したものをBKP（晒クラフトパルプ）、していないものをUKP（未晒クラフトパルプ）という。KPは針葉樹・広葉樹を問わず広い範囲の樹種から製造でき、強度も高いという特長をもつ。また製造工程で副次的に発生する蒸解廃液（黒液）は、濃縮して回収ボイラーで燃焼し薬液を回収して再利用するとともに、蒸気を発生させてタービンを回し工場内で使用する電力を賄うことができる。

パルプ消費量の8割以上を占めるBKPは上質紙や上質コート紙などの主原料に使用されるほか、新聞用紙や中・下級紙にも配合される。一方、UKPは重袋用クラフト紙やクラフトライナーなどに使用され、とくにパルプ強度が要求されるため主として針葉樹チップが使われる。

なお、表の最下段に「繊維素原料合計」とあるのは古紙などを含む全製紙原料の消費量であり、23年は20年前（03年）に対して約27%のマイナスとなっている。これに対しパルプは前記のように△34%と大幅に縮減しており、全製紙原料に占める割合も03年の40%から23年は33%と7ポイント低下した。

（単位：千t）

| 2020年 | | 2021年 | | 2022年 | | 2023年 | | 23-03 | 23/03 |
|---|---|---|---|---|---|---|---|---|---|
| 消費量 | 構成比 | 消費量 | 構成比 | 消費量 | 構成比 | 消費量 | 構成比 | 増減量 | 増減率 |
| 6,306 | 26.8% | 6,791 | 27.8% | 6,651 | 27.5% | 6,118 | 27.2% | -3,244 | △ 34.7% |
| 806 | 3.4% | 899 | 3.7% | 935 | 3.9% | 866 | 3.9% | -214 | △ 19.8% |
| 7,112 | 30.2% | 7,690 | 31.4% | 7,585 | 31.3% | 6,984 | 31.1% | -3,458 | △ 33.1% |
| 488 | 2.1% | 515 | 2.1% | 457 | 1.9% | 363 | 1.6% | -1,180 | △ 76.5% |
| 87 | 0.4% | 85 | 0.3% | 85 | 0.4% | 83 | 0.4% | -50 | △ 37.4% |
| 7,687 | 32.7% | 8,290 | 33.9% | 8,128 | 33.6% | 7,430 | 33.1% | -4,688 | △ 38.7% |
| 23,520 | 100.0% | 24,456 | 100.0% | 24,201 | 100.0% | 22,473 | 100.0% | -8,122 | △ 26.5% |

# 古　紙

## 日本の利用率67%は世界のトップレベル

製紙産業の主原料はパルプと古紙。このうちパルプは、そのほとんどが木材からつくられる（58頁）。また、ここで取り上げる古紙はそのパルプからつくられた紙・板紙より成っており、元をたどればやはり木材。つまり、製紙産業にとって木材はもっとも根幹となる原材料であり、もし木材がなければ産業としての紙パルプも成り立たない。必然的に紙パ産業は、木を植えて育てる造林産業としての側面をもっている。

しかし仮にすべての紙が木材だけを原料につくられるとしたら、いくら植林に注力したとしても世界の森林資源は過剰伐採の危機に直面してしまうだろう。例えば、2022年時点の世界古紙利用率は約58%と推定されている。「古紙利用率」とは、紙・板紙を製造するのに要した全製紙原料のなかに占める古紙の割合のこと。世界の製紙原料の半分以上は古紙で、この比率は年々

表. わが国の古紙原料消費量推移

| 品種 | 2003年 | | 2008年 | | 2012年 | |
|---|---|---|---|---|---|---|
| | 消費量 | 構成比 | 消費量 | 構成比 | 消費量 | 構成比 |
| 古紙パルプ | 165 | 0.5% | 133 | 0.4% | 106 | 0.4% |
| 上白・カード | 78 | 0.3% | 82 | 0.3% | 64 | 0.2% |
| 特白・中白・白マニラ | 93 | 0.3% | 59 | 0.2% | 54 | 0.2% |
| 模造・色上 | 1,750 | 5.7% | 2,234 | 7.2% | 1,970 | 7.4% |
| 茶模造 | 147 | 0.5% | 79 | 0.3% | 52 | 0.2% |
| 切付・中更反古 | 253 | 0.8% | 154 | 0.5% | 129 | 0.5% |
| 新　聞 | 4,482 | 14.7% | 4,948 | 16.0% | 4,086 | 15.4% |
| 雑　誌 | 2,665 | 8.7% | 2,559 | 8.3% | 2,170 | 8.2% |
| 段ボール | 8,277 | 27.1% | 8,479 | 27.4% | 7,867 | 29.7% |
| 台紙・地券・ボール・込新 | 498 | 1.6% | 419 | 1.4% | 378 | 1.4% |
| 古　紙 | 18,242 | 59.7% | 19,013 | 61.4% | 16,770 | 63.3% |
| 古紙原料計 | 18,407 | 60.2% | 19,145 | 61.9% | 16,876 | 63.7% |
| 繊維素原料合計 | 30,560 | 100.0% | 30,954 | 100.0% | 26,501 | 100.0% |

図．古紙回収率・利用率の推移

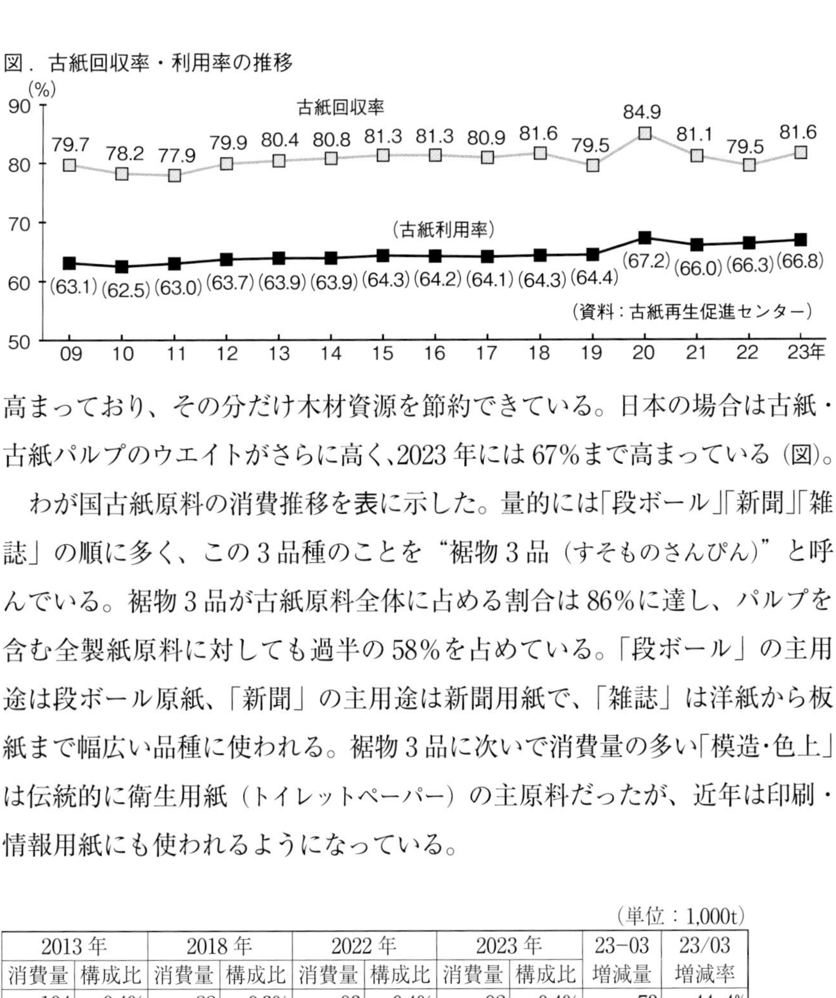


高まっており、その分だけ木材資源を節約できている。日本の場合は古紙・古紙パルプのウエイトがさらに高く、2023年には67%まで高まっている（図）。

わが国古紙原料の消費推移を表に示した。量的には「段ボール」「新聞」「雑誌」の順に多く、この3品種のことを“裾物3品（すそものさんぴん）”と呼んでいる。裾物3品が古紙原料全体に占める割合は86%に達し、パルプを含む全製紙原料に対しても過半の58%を占めている。「段ボール」の主用途は段ボール原紙、「新聞」の主用途は新聞用紙で、「雑誌」は洋紙から板紙まで幅広い品種に使われる。裾物3品に次いで消費量の多い「模造・色上」は伝統的に衛生用紙（トイレットペーパー）の主原料だったが、近年は印刷・情報用紙にも使われるようになっている。

（単位：1,000t）

| 2013年 | | 2018年 | | 2022年 | | 2023年 | | 23−03 | 23/03 |
|---|---|---|---|---|---|---|---|---|---|
| 消費量 | 構成比 | 消費量 | 構成比 | 消費量 | 構成比 | 消費量 | 構成比 | 増減量 | 増減率 |
| 104 | 0.4% | 88 | 0.3% | 93 | 0.4% | 92 | 0.4% | -73 | -44.4% |
| 66 | 0.2% | 70 | 0.3% | 64 | 0.3% | 57 | 0.3% | -21 | -26.8% |
| 52 | 0.2% | 40 | 0.2% | 36 | 0.1% | 32 | 0.1% | -61 | -65.4% |
| 1,914 | 7.2% | 1,772 | 6.7% | 1,472 | 6.1% | 1,435 | 6.4% | -315 | -18.0% |
| 47 | 0.2% | 42 | 0.2% | 25 | 0.1% | 25 | 0.1% | -122 | -83.1% |
| 126 | 0.5% | 90 | 0.3% | 64 | 0.3% | 53 | 0.2% | -201 | -79.2% |
| 4,132 | 15.5% | 3,263 | 12.3% | 2,219 | 9.2% | 1,996 | 8.9% | -2,486 | -55.5% |
| 2,135 | 8.0% | 2,230 | 8.4% | 2,159 | 8.9% | 1,922 | 8.6% | -742 | -27.9% |
| 8,083 | 30.3% | 9,050 | 34.1% | 9,552 | 39.5% | 9,052 | 40.3% | +775 | +9.4% |
| 379 | 1.4% | 399 | 1.5% | 357 | 1.5% | 349 | 1.6% | -150 | -30.0% |
| 16,934 | 63.5% | 16,957 | 64.0% | 15,947 | 65.9% | 14,920 | 66.4% | -3,322 | -18.2% |
| 17,038 | 63.9% | 17,045 | 64.3% | 16,040 | 66.3% | 15,012 | 66.8% | -3,395 | -18.4% |
| 26,661 | 100.0% | 26,512 | 100.0% | 24,201 | 100.0% | 22,473 | 100.0% | -8,088 | -26.5% |

## 製紙用薬品

# 機能付与から工程改善まで多種多様

厳密には原紙に基本的な品質を与えるのが「製紙用薬品」であり、代表的なものにサイズ剤と紙力増強剤（紙力改善剤、紙力剤）があり、抄紙工程での内添（内添法）や抄紙後の塗工（表面法）により導入される。

サイズ剤とは紙に筆記性や印刷適性、軽度の耐水性を持たせる薬品で、紙は多孔質のため液体などを吸収しやすいが、簡単に言うとこの孔を塞ぐことで水やインキなどの進入を制御する。松脂ベースのロジンサイズ剤に代表される酸性タイプと、アルキルケテンダイマー（AKD)、アルケニル無水コハク酸（ASA）などによる中性サイズ剤に大別され、後者はセルロースと直接反応してサイズ性を発現するが、前者はそのままではパルプ繊維に定着しないため硫酸バンド（硫酸アルミニウム）が併用される。

紙力増強剤は紙の物性などを向上・改善するために添加され、紙の乾燥時の強度を高める乾燥紙力増強剤と、紙が水に濡れた際の強度や寸法安定性を保持する湿潤紙力増強剤とがある。前者は紙・板紙に広く用いられ、古紙配合に伴う強度低下防止に効果を発揮、後者はティシュなどに使用される。種類としては、①でんぷん等の天然高分子系、②ポリビニルアルコール（PVA）系、③ポリアクリルアミド（PAM）など水溶性合成高分子系、④重合体微粒子が水中に安定分散したラテックス系、など。

また填料・顔料も原紙の性質を左右し、紙の不透明性や表面の滑らかさ、白色度などを向上させる鉱物質の粉末（フィラー）が用いられる。炭酸カルシウム（炭カル)、タルク、カオリン、酸化チタンなどがあるが、日本では国内で豊富に産出する炭カルが多用され、自製設備を保有する製紙工場もある。また、古紙利用時に発生する粕（PS：ペーパースラッジ）からの填・顔料再生利用も行われている。

以下、上記以外の主な薬品を簡単に紹介しておこう。

**蒸解薬品**　クラフトパルプ（KP）製造時、繊維（パルプ）を得るため木材チップの蒸解時に投入される苛性ソーダなどの薬品。「白液」とも呼ばれ、繊維以外の成分は白液に溶出して「黒液」となる。KP 工場ではこれをエバポレーターで濃縮後、ボイラー用燃料として利用。燃焼後に残る無機分は水に溶け「緑液」となるが、化学反応などによって再び「白液」に戻し、蒸解薬品として回収・利用される。

**漂白剤・脱墨（脱インキ）剤**　パルプの漂白、古紙パルプのインキ除去を行う。漂白剤にはかつて塩素が多用されたが、環境への配慮から元素としての塩素を持たない二酸化塩素、過酸化水素や酸素、オゾンなどによる「無塩素漂白」が定着した。

**工程改善剤**　①ピッチコントロール剤、②スライムコントロール剤など。①は木材や古紙に含まれる樹脂分（ピッチ）の凝集や付着によるトラブルを、②は工程内で増殖した微生物由来の粘状物質（スライム）が引き起こす障害を防ぐため用いられる。他に、防腐・防カビ剤（でんぷんやカラー、ラテックスなどの防腐・防カビ）、フェルト洗浄剤（抄紙用具であるフェルトの洗浄）、ドライパート汚れ防止剤（製品欠点や断紙の原因となるドライヤー・カンバス・カレンダーの汚れを防止）、消泡剤（木材に含まれる成分や添加薬品に起因する発泡を抑制）、濾水性・歩留向上剤（前者は主に湿紙からの水分除去を促進、後者はパルプ繊維や填料の歩留りを向上）、用水・排水用薬品（凝集剤ほか）―などがあり、使用量の最適化はコスト低減に直結する。

**加工用薬品・機能化剤**　撥水剤、耐油剤、難燃剤、柔軟剤、粘着剤、剥離剤、インクジェット用紙用薬品、表面加工用樹脂など多種多様のものがあり、コロナ禍以降は、抗菌剤や抗ウイルス剤を施用した紙製品も多数上市されるようになった。

## エネルギー

# 2050 年 CN に向けた取組みが加速

紙パルプはエネルギー多消費型産業であり、日本製紙連合会によると2021 年におけるエネルギー消費量は 397.6PJ で、種別では重油 6.3%、石炭 29.0%、都市 / 天然ガス 9.8%などとなっている。また、購入電力（全消費量の 4.4%）と自家発電を合わせた電力使用量は鉄鋼や化学、機械に次いで多いものの、同時に自家発電比率は製造業中トップの 80.4%である。

もう 1 つの特徴は「黒液」の利用である。黒液は、クラフトパルプ（KP）の蒸解液に含まれる無機物と植物由来の有機物から成るバイオマスの一種で、KP 製造設備を持つ工場では昔から黒液を燃焼しエネルギーを得てきた。紙パ産業における再生可能・廃棄物エネルギー比率は 48.2%で、その 7 割以上を黒液が占める。さらに古紙処理に伴い発生するペーパースラッジ（PS）や、RPF（古紙＋廃プラによる固形燃料）、廃タイヤ、建設廃材や間伐材などを燃料として活用するとともに、より温室効果ガスの発生が少ない燃料への転換、コージェネレーションの導入などが行われ、最近では大手を中心に脱化石燃料化の加速が相次いで打ち出され、国が目指す「2050 年カーボンニュートラル」に業界一丸で取り組む姿勢が明確になっている。

なお、日本製紙連合会はカーボンニュートラル行動計画（フェーズⅡ）において、「国内の生産設備から発生する 2030 年度のエネルギー起源 $CO_2$ 排出量を 2013 年度比 38%削減」する目標を掲げるとともに、21 年に公表した「製紙業界－地球温暖化対策長期ビジョン 2050」では、生産産活動における省エネへの取組み、化石燃料からの燃料転換、再生可能エネルギー設備の導入、革新的な技術開発とその早期導入により、「2050 年までにカーボンニュートラル産業の構築実現を目指す」ことを宣言した。

次にエネルギー高効率利用に欠かせない設備投資であるが、2003 ～ 08年頃には集中的に省エネ・燃料転換投資が行われ、化石エネ削減率5%以上を達成した時期もあったが、15年度以降は削減率が1%を切るなど頭打ちになっている。また、FIT（再生可能エネルギー固定価格買取制度）等を活用した「創エネ」にも取り組んでいるが、とくにバイオマス発電は他産業や自治体なども多数実施しており、燃料の安定調達に対する懸念もある。

以下、参考として直近の主なエネルギー関連投資を紹介しておく。

日本製紙グループ：双日とともに設立した発電事業会社・勇払エネルギーセンターが営業運転を開始。発電出力は7万4,950kWで、燃料には海外から調達する木質チップとPKS（パームヤシ殻）、国内の林地残材等を使用する。また日本製紙クレシアは東京工場、興陽工場、京都工場に太陽光発電設備を導入し、それぞれ2024年10月、同9月、25年1月より発電を開始。

大王製紙グループ：大王製紙の川之江工場と可児工場、およびダイオーペーパープロダクツ・島田事業所に太陽光発電設備を設置（合計発電量として約370万kWh/年を想定）、得られた電力は全量を工場で使用し、化石燃料使用量削減と年間約1,700tの$CO_2$削減を見込む。

レンゴーグループ：レンゴー・尼崎工場でバイオマス焼却設備の更新工事を完了。これにより年間で都市ガス約130万$m^3$、$CO_2$排出量約3,000tの削減を見込む、また、グループのトライコー社・本社工場（ドイツ）では5.6MWの太陽光発電設備を導入（2023年下期稼働）。

特種東海製紙グループ：新東海製紙・島田工場に製紙系廃棄物と木質バイオマス燃料およびRPFを混焼するエネルギープラント（ボイラー蒸発量70t/h級）を建設する。投資額は約125億円で、稼働予定は2027年1月。また、トライフの金谷工場と関東工場で太陽光発電を開始。年間予定発電量はそれぞれ13万kWh、29万kWhで、いずれも得られた電力はすべて工場内で使用する計画。

# 知っておきたい
# ～時代変化のインパクト

④

## 国内外のM&A

# “新陳代謝”で体力をつけ生き残りを目指す

企業の合併や買収（M&A）は規模の拡大を通じた収益の向上を目指して行われる。通常、企業が自力で規模を拡大するには設備投資を増やしたり、異業種への参入であればその方面の能力に長けた人材を新たに獲得しなければならない。それにはコストも時間もかかり、費用対効果、費用対時間の点で株主などステークホルダーの理解は得られにくい、

これに対してM&Aならば自前の設備投資や人材獲得に比べ、はるかに安いコストで同等の効果が得られる。しかも時間は、さほど掛からない。紙パの場合、原材料の安定的な確保を考慮すれば植林なども求められ、またエネルギー多消費型の装置産業であるだけに動力設備やパルプ設備、抄紙設備に多額の投資が必要になる。だから、そうした費用の節約につながるM&Aを行う動機は、他産業に比べて大きいといえる。

ただし20世紀のM&Aがもっぱら規模の拡大を追求していたのに対し、21世紀に入ってからのM&Aは縮小もしくは停滞する市場環境のもとで、事業構造の転換をいかにスムーズに進めるかに主眼が置かれている。

M&Aによって規模が拡大するのは結果であって目的ではない。むしろ設備を集約することで需要と供給のアンバランスを解消し、縮小するマーケットにおいても安定した利益を確保することこそが狙いだ。それにはM&Aに限らず、より緩やかな提携でも同等の効果を得られる場合がある。例えば、日本で過去10年ほどの間に起こった主な提携・合併には次のようなものがある（製紙会社主体の案件）。

■王子製紙と中越パルプ工業／高板生産会社O&Cアイボリーボードを設立

(2015年7月)

■日本製紙と特種東海製紙/産業用紙分野の事業統合(2016年10月)

■レンゴー/大興製紙の完全子会社化(2021年9月)

■大王製紙、丸住製紙、愛媛製紙ほか/「四国中央市カーボンニュートラル実現に向けたロードマップ」を策定(2023年3月)

■特種東海製紙グループの特種東海エコロジー/日本紙パルプ商事およびグループ会社のJPコアレックスホールディングスと業務提携契約を締結(2023年4月)

■日本製紙と大王製紙/首都圏・関西エリア間の海上共同輸送を開始(2023年8月)

■王子ホールディングス/サステナブル包材に特化したフィンランドの加工会社、ワルキを買収(2024年4月)

■大王製紙、北越コーポレーション/戦略的業務提携基本契約を締結(2024年5月)

■王子ホールディングス/㈱イムラと共同でベトナムの紙器会社、SLP社を買収(2024年5月)

必ずしも大型の案件ばかりではないが、将来に向けた布石として重要な意味をもつものが多い。

さらに最近、話題を集めている非可食性の持続可能な航空燃料(SAF)用バイオエタノール生産では、王子ホールディングス、大王製紙、日本製紙、レンゴーの大手4社が名乗りをあげているが、王子を除く3社は関連他社との協業で実用化を進めようとしている。製紙各社は木材資源に関する豊富な知見を有しているが、SAFまでの作り込みにはバイオ系ベンチャー企業や大学などとの連携が不可欠ともいわれており、それによって開発の時間とコストをセーブしようとしている(表)。

一方、諸般の事情で撤退を余儀なくされる事業もある。最近では■日本製紙/オーストラリアのグラフィック用紙事業から撤退(2023年2月発表)■

表. 製紙大手によるバイオエタノールの生産計画

| 会社名 | 計画内容 |
|---|---|
| 王子ホールディングス | 43億円を投じ王子製紙・米子工場内に最大年産1,000tの木質由来糖、同1,000kℓの木質由来エタノールのパイロット製造設備を建設中。2024年度内に稼働予定 |
| 日本製紙 | 住友商事、Green Earth Institute（以下「GEI」）とセルロース系バイオエタノールの商用生産に向けた共同検討を開始。日本製紙の工場内で、年産数万kℓの規模で2027年度の製造開始を目指す。 |
| 大王製紙 | リサイクル材を活用するGEIとの共同事業を新エネルギー・産業技術総合開発機構（NEDO）が採択。バイオ燃料のほか樹脂原料の商用生産も目指す。生産開始時期や投資額は非開示。 |
| レンゴー | 建築廃材を使うエタノール生産に向け、完全子会社の大興製紙を拠点にNEDOの公的支援分を含む約195億円を投資する。Biomaterial in Tokyo（福岡県）と提携。 |

三菱製紙／情報用紙事業を行うドイツの連結子会社を売却（2023年9月）■北越コーポレーション／中国の白板紙事業を譲渡し事実上の撤退（2024年3月発表）■王子ホールディングス／子会社の王子ネピアが子供用紙おむつ事業から撤退(2024年3月発表)—などの事例がある。このような事業の見直し・再編は紙パに限らず、すべての産業界で日々行われており、合併や提携も含め、いわば企業の新陳代謝にあたると考えてよいだろう。

## 海外では欧州－北米をまたいだ大型合併が2件

最後に、最近あった欧米企業による大型のMA事例を紹介しておこう。

■アイルランドを拠点に欧州全域でパッケージング事業を展開するスマフィット・カッパと北米の板紙事業を主力とするウエストロックが合併、「スマフィット・ウエストロック」として2024年6月に発足した。世界紙パ企業1位と4位の合併であり、2022年度の単純合算売上高は348億ドルに達する。

■長年、世界紙パのトップに君臨してきたインターナショナル・ペーパー（米国）は近年、その座を前出のウエストロックに譲ったが、2024年4月に英国を基盤とするパッケージング企業、DSスミスとの合併契約をまとめた。こちらは2位と8位の合併であり、合計の売上高は312億ドル。

どちらも［欧州＋北米］の組み合わせであり、大陸をまたいだ超大型のM&Aとして内外から注目されている。

## 新入社員に勧めたい本・冊子

# 知的好奇心を刺激する本をご紹介

紙は長い歴史があるので、その製法や用途を解説した専門書のような本は意外と多い。また2014年に「和紙 日本の手すき和紙技術」がユネスコの無形文化遺産に登録されたこともあり、その優れた特性ばかりでなくアートとしての可能性や文化史的な価値にスポットを当てた本も増えた。

しかし専門書の類いは多くの新入社員にとってハードルが高いし、手すき和紙の方は仕事で日常的に触れる機会が多いわけではない。また専門書は、これからの仕事で否応なく読む必要に迫られてくるだろう。だから、ここではそういうものは避け、物語性があって読んで楽しい、わくわくするような本を選んだ。ノンフィクションが主体だが、エンタメ系の小説も含まれている（以下、価格はすべて税込み）。

**『紙の春秋　著名人が描く紙のある風景』**

（日本製紙連合会／発行　文藝春秋企画出版部／製作　A5判80頁　非売品）

「紙と私」をテーマにした著名人によるコラム。『週刊文春』に連載したものを1冊にまとめており、各界の著名人が紙と自分にまつわる記憶や思いを肩の凝らない文体で綴っている。2022年度までに計5巻が発行されている。製紙産業による息の長い広報活動として、社会的な評価も高い連載企画だ。写真も含め1人見開き2頁ずつという体裁で、片隅には製紙連のゆるキャラ「ペーパー君のつ・ぶ・や・き」と題した紙についての豆知識が収録されている。

まだ冊子にはなっていないが、2023年度は以下の人たちが誌面に登場した（「　」内はタイトル）。●春風亭昇太「師匠の掛け軸」●阿部智里／本の匂い●廣瀬俊朗「ラフに、感覚的に」●三船優子「音を描く」●佐伯泰英「いつも近くにあった」

販売を目的としたものではないが、日本製紙連合会（☎ 03-3248-4801）に照会すれば残部がある限り送ってもらえるという。

**『紙の世界史：PAPER 歴史に突き動かされた技術』**

（マーク・カーランスキー／著　川副智子／訳　徳間書店　四六判 2,640 円）

世界的ベストセラー『鱈―世界を変えた魚の歴史』『塩の世界史』のマーク・カーランスキーが手がけた「紙」の歴史。紙が最初につくられた中国から、イスラム、スペイン、イタリア、オランダ、イギリス、フランス、アメリカ、日本まで、まさに「紙」を通して世界史を概観する骨太の歴史書。経済、芸術、宗教、生活様式など、紙が人類に与えた影響を多角的な視点から解説している。「記録する」という人間だけの特性。紙の発見から、製紙、複写、印刷と技術は進化し、宗教、経済、生活様式、芸術に至るまで紙は人類史を作り上げる基礎となっている、と著者はとらえる。では紙はなぜ生まれ、どのようにして各地へ伝わり、変化を遂げていったのか？ 歴史書にありがちな堅苦しさはなく、まさに紙で出来た壮大な絵巻物を俯瞰するような楽しさがある。

**『紙と印刷の文化録―記憶と書物を担うもの』**

（尾鍋史彦／著　印刷学会出版部　四六判 288 頁　日本図書館協会選定図書　4,180 円）

本格的な電子書籍の攻勢を前に、果たして紙は生き残れるのか？ 東京大学名誉教授の筆者は、多年にわたり紙を専門に研究してきた。本書は尾鍋氏がその時々に興味をもった時事問題や社会情勢にも触れ、好評を得た月刊『印刷雑誌』の連載「わたしの印刷手帳」を１冊にまとめもの。紙の用途の１つであるメディアを中心に、紙と印刷の歴史や技術から経済まで幅広い内容で構成される。好奇心旺盛な著者の視点が時に鋭く、時に温かく紙の行く末を見つめている。

●主な内容；メディアとしての文化の対比／ WikiLeaks問題が再認識させた印刷物の価値／紙の進歩とは何か／無文字文化と歴史の推定／認知科学から見た電子書籍の可能性／印刷における「用と美」／印刷の未来は予測可能か　ほか

**『紙と人との歴史　世界を動かしたメディアの物語』**

（アレクサンダー・モンロー／著　御船由美子・加藤 晶／訳　四六判　3,960円）

英国王立文学協会ノンフィクション部門ジャーウッド賞受賞。多様な思想や宗教の運び手となり、東は仏教と共に朝鮮半島を経て日本へ、西はコーランとともにイスラム、アラブを経てヨーロッパへ伝わった、メディアとしての紙の歴史をドラマチックに描いている。

本書はタイトルにあるとおり「文字を運び、人類の歴史を大きく動かした素材」としての紙の物語である。紙は誕生から2000年以上にわたり、無数の信念や希望、発見、考察をのせて世界を駆けめぐり、さまざまな知識、思想、宗教、学問を広める役割を果たしてきた。近代に入って印刷機とタッグを組むと、紙はますますその数と伝搬の勢いを増し、各地で革命の引き金となる。階級や性別を問わず誰もが新たな情報や知識や思想に触れられるようになったのも、大量生産が可能で安価な紙の力に負うところが大きい。こうして紙というモノの足跡をたどっていくと、学校で学んだ文化や宗教の歴史がぐっとリアルに感じられるのではないだろうか。

**『紙つなげ！ 彼らが本の紙を造っている 再生・日本製紙石巻工場』**

（佐々涼子／著　ハヤカワ文庫　文庫判　814円）

「8号（出版用紙の製造マシン）が止まる時は、この国の出版が倒れる時です」―2011年3月11日、日本製紙の石巻工場は津波に呑みこまれ、完全に機能停止した。製紙工場には「何があっても絶対に紙を供給し続ける」という出版社や新聞社との約束がある。しかし状況は、従業員の誰もが「工場は死んだ」と口にするほど絶望的だった。にもかかわらず、工場長は半年での復興を宣言。その日から、従業員たちの闘いが始まる。食料の入手さえ容易ではなく、電気もガスも水道も復旧していない状態での作業は困難を極めた。東京の本社営業部と石巻工場の意見対立さえ生まれた。だが従業員は等しく工場のため石巻のため、そして出版社と本を待つ読者のために持ち場で力を尽くす。震災の絶望からの復興までの軌跡を徹底取材した傑作ノンフィクション。登場人物のほとんどが当時の役職と実名で登場している。日本の製紙産業が体験した未曾有の危機と克服の記録として資料的価値も高いが、何より最初の1頁目から伝わってくる緊迫感が半端ではない。自分だったらどう行動するだろうか、と考えながら読み進めてほしい。

**青山学院大学・寄付講座『紙、その文化とビジネスを考える』**

**『紙、その文化とビジネスを考える Ⅰ、Ⅱ』**

（日本洋紙板紙卸商業組合 / 発行 A4 判 72 頁 /88 頁 非売品）

紙卸商の全国組織、日本洋紙板紙卸商業組合（日紙商）は2014年と15年、創立30周年記念事業の一環として青山学院大学で、「紙、その文化とビジネスを考える」と題した寄付講座を半年間にわたり開講した。本書はその講義の模様を忠実に記録したもので、編集には弊社が携わっている。寄付講座とは、大学が企業や行政から寄付された資金・人材を活用して講座などを開設するという、教育形態の一つ。この寄付講座では、紙の歴史や文化、役割、環境問題などをひも解くとともに、紙業界の動向や経営実態について、メーカー・流通・ユーザーの各段階から明らかにしているほか、具体的な経営の実務も解説している。

各年ごとの15回に及ぶ講義は歴史や文化、環境、産業・経営、さらに物流施設の見学とバラエティに富んでおり、1回あたり4～6頁前後でまとめているので、どこからでも読むことができる。もともと販売を目的につくられた冊子ではないが、残部はあるので、事務局に電話等で問合せをすれば送料などの実費で送ってくれるという（日紙商事務局：☎ 03-3808-0971　http://www.jpbwa.com）。

**『舟を編む』**

（三浦しをん / 著　光文社文庫　文庫判　682 円）

2012 年の本屋大賞。紙の辞書をつくる話である。2013 年に松田龍平、宮﨑あおい、オダギリジョー、黒木華ほかの豪華キャストで映画化されたが、2024 年には NHK 総合放送で連続ドラマ化されたので、そちらを観た人も多いだろう。原作の主人公・馬締光也は男性だったが、ドラマ『私、辞書つくります』では、廃刊が決まったファッション雑誌から辞書の編集部にいきなり配属された社員の岸辺みどりを池田エライザが演じている。原作でもドラマでも、主人公は紙と印刷の相性、とりわけ辞書のように長く使われ頁数の多い本にはどのような紙がふさわしいのか、を実地に勉強していく。新しい辞書『大渡海』は見出し語 24 万、完成まで 15 年、編集方針は「今を生きる辞書」という。

辞書づくりのうえで重要なのが用紙選び。本のなかでは製紙会社の担当者が『大渡海』の編集部を訪れ、馬締らを前に薄くて裏写りの少ない用紙の特長などを説明する場面に、結構な頁が割かれている。作者は執筆に際して岩波書店まで赴き、『広辞苑』編集者に 3 時間ほど話を聞いていったという。時間的な制約のある映画では製紙会社の説明こそ大幅に省かれたが、編集部に届けられた試作の専用紙を手に取った馬締が「ぬめり感が足りない」と呟くシーンが印象的に描かれている。ぬめり感とは本の「めくり適性」や用紙の「しなやかさ」を表現する言葉。原作と映画では、馬締が周囲に「指に吸いつくように頁がめくれるでしょう。にもかかわらず、紙同士がくっついて複数の頁が同時にめくれてしまうということがない。これが、ぬめり感なのです」と説明。出版用紙にも、用途に応じたさまざまな種類があることをさりげなく教えてくれる。

## 押し寄せる物流変革の波

# 求められる労働環境の改善やDXによる効率向上

紙・板紙の国内向け出荷量は年間約2,000万t。このうち製紙工場からの出荷には鉄道や船舶も用いられるが（1次輸送）、代理店や卸商がユーザーへ納品する際には（2次輸送）ほぼ100％トラックが使われる。2,000万tの製品を仮に10tトラックで運ぼうとすれば、のべ100万台のトラックが必要で、年間の稼働日数を250日として計算すると1日あたり8,000台の車両が全国を駆け回ることになる。実際には、より積載量の少ない4tトラックなどが使われるケースが多いので、1日あたりの稼働台数は2万台前後に達すると考えられる。

このトラック輸送をめぐって、ここ数年「2024年問題」という言葉が盛んに使われるようになった。2024年問題とは、2024年4月1日から、ドライバーの時間外労働時間の上限が「年間960時間」に設定されたことで、産業界が対応を迫られる諸問題を指す。物流業界ではかねて長時間労働が常態化していたが、働き方改革関連法の施行（2019年〜）でそうした体質の是正を迫られるようになった。働き方改革それ自体は社会の流れに沿った動きだが、現状の仕組みを変えることなく労働時間だけを規制しようすれば、トラックドライバーにとっては収入減、運送事業者にとっては売上減と人材不足の加速、さらに荷主にとっては物流コストの上昇という結果を招く。

ここで物流・運送業界の現状課題を改めて列挙してみる。

①慢性的な人材不足・ドライバーの高齢化／営業用トラックドライバーは、2025年に約20万8,000人、28年には27万8,000人不足すると予測されている。また道路貨物運送業は全産業平均より若年層の割合が低く、高齢層

の割合が高い年齢構成の業種である。現状のままだと、近い将来「荷物が運べない」状況に陥る懸念がある。

②長時間労働の常態化／厚生労働省の統計によると、トラックドライバーは全産業と比較して超過実労働時間数が3倍を超えている。ドライバーが長時間労働になる要因としては「荷待ち時間」や「荷役時間」が大きく影響していると考えられる。また、渋滞など交通状態の影響で、想定以上に労働時間が長くなるケースも少なくない。

③物流量の増加／人材が不足する一方で、物流量は年々増加している。コロナ禍で通販の需要が拡大したこともあり、2022年度の宅配便個数は50億588万個にのぼり、コロナ前の2019年度から6億8,300万個も増えた。また物量の増加に加えて、翌日配送などのスピード配送、再配達指定などサービスレベルの向上に対する需要は高まっている。顧客の利便性を高めることは「顧客満足度向上」や「競争力強化」につながる反面、ドライバーの負担増・離職の加速などが懸念されている。

これらの問題を克服していくために、業界がとるべき対応策には以下のようなものが考えられる。

**■労働環境の改善**…残業時間の上限規制にともない、より多くの従業員を確保しなければならないが、そのためには労働環境や待遇を改善し、働きやすい環境づくりが不可欠となる。具体的には合理的な給与体系への改善、福利厚生制度の充実、適切なワークフローや業務の効率化による労働時間の短縮、時短勤務制度をはじめとした柔軟な働き方の導入などがあげられる。

**■効率を高めるためのDX、標準化**…ドライバー不足や長時間労働を解決するうえでは、長時間労働の要因である「荷待ち時間の短縮」、「トラックの稼働率向上」、「配送・庫内作業の効率化」などが大きな壁となってくる。これら諸問題の解決に向けて、近年はAIやIoTを活用した自動化・機械化の取組みが始まっており、業界全体でDX（デジタルトランスフォーメンション）が進められている。

## 紙パにとってのカーボンニュートラル

# 業種特性活かし 2050 年“ネットゼロ”を目指す

最近、地球温暖化対策の重要なキーワードとして“カーボンニュートラル”という言葉が広く使われるようになった。とくに企業にとっては地球環境時代の下での成長戦略に繋がる考え方として重視され、事業戦略についてステークホルダーへ説明する際にも多用されている。すでに各種報道やネット情報などを通し一般の耳目に触れる機会も増えているが、直接環境問題に携わっていない人にとってその厳密な意味を問われても正確に答えられる人は少ないかもしれない。

ウィキペディアによると、カーボンニュートラルとは「二酸化炭素など温室効果ガスの排出量と吸収量を均衡させ、その排出量を“実質ゼロ”に抑える、という概念。日本語で直訳すると炭素中立となる」と説明している。少し具体的な言い換えをすると、国や企業などの事業活動にともない人為的に排出される温室効果ガス、すなわち二酸化炭素（$CO_2$）やメタン（$CH_4$）、一酸化二窒素（$N_2O$）、フロン類など 7 種類あるが、通常は排出量の大半を占める $CO_2$ が対象となる場合が多く、また他の温暖化ガスも $CO_2$ に換算して排出量を表し、それらの総排出量から植林や森林管理などによる温室効果ガスの吸収量を差し引いて実質的にゼロへすること。

温暖化対策では実際に排出する温暖化ガスの削減が主体となるが、事業継続上どうしても排出せざるを得ないものについては何らかの方法により吸収、あるいは技術処理により除去し、その分を差し引き最終的にゼロとし温室効果ガスの排出量と吸収量を均衡させることが目標となる。これがカーボンニュートラルであり、“ネットゼロ”との言い方もされる。

## 国として“2050年カーボンニュートラル実現”を目標に

このカーボンニュートラル実現が具体的な目標として掲げられるようになったのは、2015年パリ開催のCOP21で採択された協定（パリ協定）に基づいている。COPとは国連気候変動枠組条約の批准国、いわゆる締約国による国際会議のことで、第1回目は条約が発効した1994年の翌95年にドイツのベルリンで開催された。ちなみに同条約は、温室効果ガスの濃度が高まると気温が上昇して気候変動が生じ、海面上昇や降水量の変化、異常気象の頻発、砂漠の拡大など自然災害のリスクが高まるとの懸念から、それら影響を防止する国際的な取組みを推進するためのもの。

その後COPは開催地を変えながら毎年開催されており、日本では1997年京都でCOP3が開催され、地球温暖化対策の中長期的方向性を決めた「京都議定書」を採択するなど、その成果が世界的に高く評価された。それ以降、紆余曲折を辿りながらもCOP21のパリ協定では2020年以降における温室効果ガス排出削減などための新たな国際枠組みについて討議され、先進国だけでなく途上国も含めた「すべての締約国による取組み」が実現、世界の平均気温上昇を「産業革命前と比較して2℃より充分低く抑え、1.5℃に抑える努力を追求する」ことも確認された。ほかにも同協定ではさまざまな取決めが行われ、その1つに長期的な温室効果ガス低排出型発展戦略の作成があり、日本も2019年6月「パリ協定に基づく成長戦略としての長期戦略」を閣議決定し、続く20年10月に当時の菅義偉総理大臣が所信表明演説で「わが国は2050年までに温室効果ガスの排出を全体としてゼロにする。すなわち2050年カーボンニュートラル、脱炭素社会の実現を目指す」と宣言。さらに21年4月には、2050年のカーボンニュートラル実現へ向け「2030年度に温室効果ガスの2013年度比46%削減を目指す」と表明した。これにより、わが国は気候変動問題に対し国をあげて従来以上の強力な取組みを進めていくとの決意を内外に示すこととなった。

## 紙パは省エネで実績ある業界だが更なる努力の段階へ

前記したように温暖化ガスの大半は$CO_2$で占められており、その排出は化石燃料由来と森林減少や土地利用変化など由来の２つに分けられるが、とくに化石燃料による排出量の比率が高い。わが国は資源小国であり､エネルギー源として利用される化石燃料の多くを海外に頼っており、世界的に見てエネルギーコストが割高になることは避けられない立場にある。そのため、地球温暖化の問題が国際的に論議される以前から各産業界で省エネ努力が重ねられてきた。その後、気候変動問題への対応が重要課題とされCOPで討議が重ねられるのにともない、エネルギーの高効率利用にとどまらず温暖化ガス排出量の大幅削減を意識した更なる努力が求められるようになった。

紙パルプ産業においても、エネルギー多消費型と言われてきただけに他産業以上の省エネ効果を追求し、消費エネルギーの製品当たり原単位は世界的に見ても低く抑えてきており、すでに化石燃料由来の$CO_2$排出量原単位もかなりのレベルまでに低下させてきた（図1)。しかし、カーボンニュートラルを目指すには従来以上の取組みが必要となる。国内業界を代表する日本

図1．わが国の紙パルプ産業における総エネルギー原単位、化石エネルギー原単位および$CO_2$排出原単位の推移（1990年度基準）

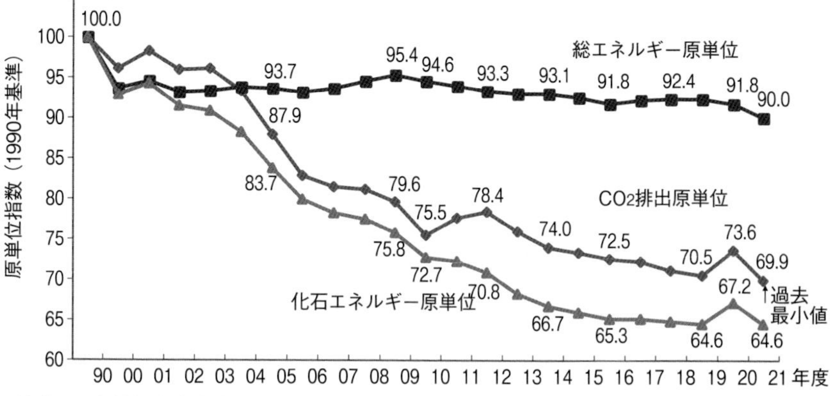


（出典：日本製紙連合会「紙パルプ産業のエネルギー需給及び他産業も含めた$CO_2$排出の動向」）

製紙連合会は1997年「環境に関する自主行動計画」を制定、2012年4月には「環境行動計画」とし、温暖化対策にも積極的に取り組み、2013年度から「低炭素社会実行計画」をスタートさせた。さらに2050年カーボンニュートラル実現への世界的な関心と期待が一段と高まるなか、紙パ業界でもその実現を目指すべき重要なゴールと位置づけ、2021年度に名称を「カーボンニュートラル行動計画」へ変更、「製紙業界―地球温暖化対策長期ビジョン2050」の概要についても追記した。

以前より省エネや高効率操業、燃料転換など種々の対策を講じてきただけに、業界的には大きな効果が期待できる取組みはあまり残されていないとの見方も一部にあったが、長期ビジョンでは2050年までに生産活動で排出する$CO_2$を実質ゼロとするための通過点とし、政府支援を前提としながらも大胆な削減率の深掘りを行うことでカーボンニュートラル産業の構築実現を目指す意向を改めて内外に強調した。続く2023年9月の「カーボンニュートラル行動計画フォローアップ調査結果（2022年度実績）」では、国内生産設備から発生するエネルギー起源の$CO_2$排出量を2030年に2013年度比38%削減すると具体的目標を明示（図2）。削減対策の柱として「最新の省エネルギー設備・技術の積極的導入」「自家発設備における化石エネルギーから再生可能エネルギーへの燃料転換」「エネルギー関連革新的技術の積極的採用」をあげている。また$CO_2$の吸収源として2030年度までに国内外の植林面積を1990年度比37.5万ha増の65万haにするとの目標も掲げた。

こうした2030年度の目標は紙パ業界にとってかなりハイレベルなものであり、さらに2030年から50年へ向けては不確実な将来展望となるだけに見極めにくい要素も多いが、長期ビジョンでは紙パの業種特性などを踏まえて目指すべき方向性が検討され、大きく3つの温暖化ガス削減の分野が具体的に示された。

まず「生産活動における省エネ・燃料転換の推進による$CO_2$排出量削減」として、①最新の省エネ設備・技術の積極的導入などによる省エネ推進、

図 2. 日本の紙パルプ産業における $CO_2$ の削減量推移（2013 年度以降）と 2030 年度削減目標

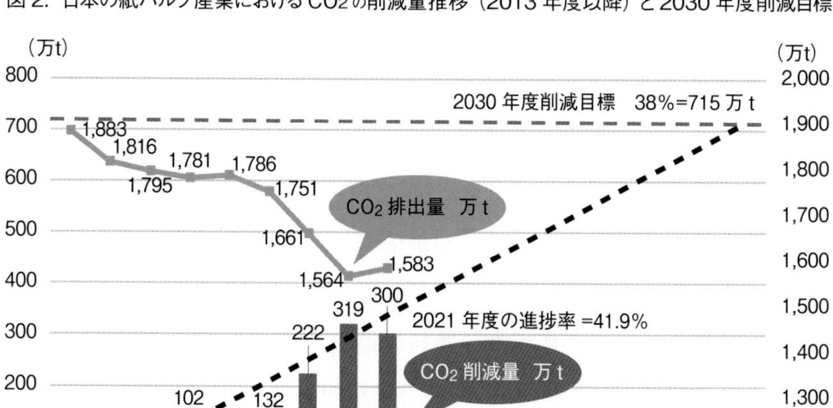


（出典：日本製紙連合会「紙パルプ産業のエネルギー需給及び他産業も含めた $CO_2$ 排出の動向」）

②自家発設備での再生可能エネルギー利用の比率拡大、③製紙に関連する革新的技術（イノベーション）の実用化に挑戦、④エネルギー関連革新的技術の積極的採用―を取り組むとしている。このうち①～③は従来努力してきたテーマの更なる進化と言えそうだが、④は今後開発や実証化が進む先端エネルギー技術の紙パ業界への適用であり、例えばCCS、CCUS（二酸化炭素回収・貯留・有効利用技術）や、カーボンニュートラルなガス、プラスチック廃棄物のエネルギー利用 、カーボンニュートラルな購入電力の利用などの可能性が考えられている。

また「環境対応素材の開発によるライフサイクルでの $CO_2$ 排出量削減」では、①セルロースナノファイバー（CNF）の社会実装の推進、②化石由来のプラスチック包材に替わる紙素材の利用、化石由来製品からバイオプラスチック素材、バイオ化学品への転換、③化石由来製品からバイオプラスチック素材、バイオ化学品への転換―が挙げられおり、木質バイオマスの利用技術を培ってきた紙パ業界ならではの新たな技術開発の成果が生み出され

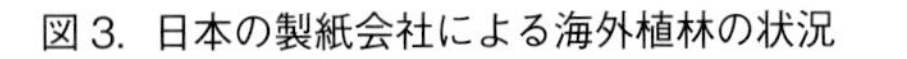



図３. 日本の製紙会社による海外植林の状況

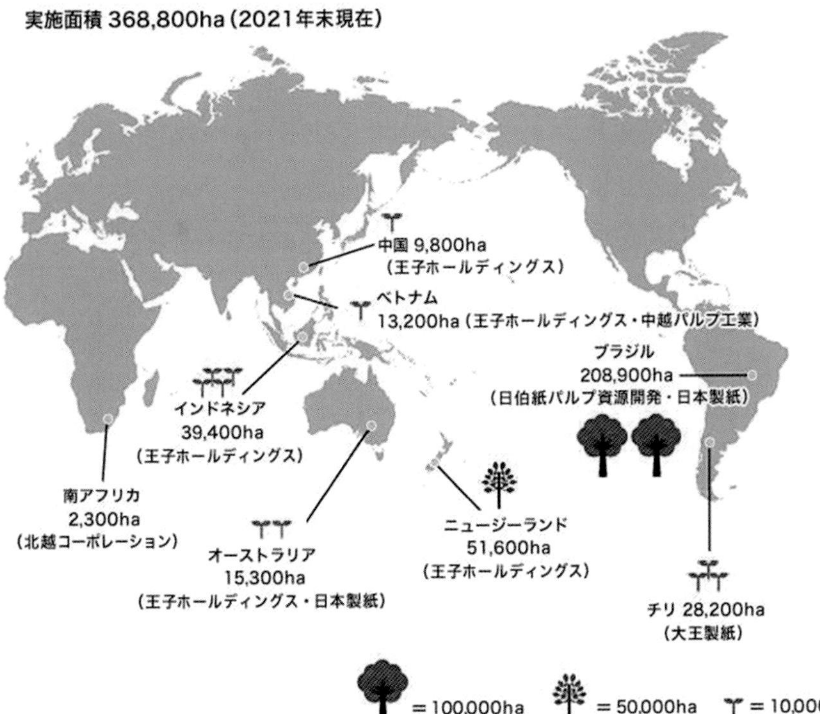



（資料：日本製紙連合会）

そうだ。実際、CNF や脱プラ素材などでは製品化が着々と進められている。

３つめは、紙パならではの貢献となる「植林による $CO_2$ 吸収源としての貢献拡大」であり、①持続可能な森林経営の推進、②環境適応性や成長量が高い林木育種の推進―が挙げられている。これらの取組みは長年続けられてきたものであり、今後とも森林による $CO_2$ 吸収・固定化の拡大を目指し、木質バイオマスの安定確保を推進していくものと考えられる（図３）。

こうして見ていくと、紙パルプはエネルギー対策で従来以上の努力が迫られているものの、一方では資源循環型で木質バイオマスの高度利用により温暖化対策に大きく貢献していく産業と期待されている。

## 新紙幣に見る紙加工の高度化

# デジタル時代の安心・安全な“高機能紙”

新紙幣が2004年以来20年ぶりにデザインを一新し今年7月3日に発行されるが、DXによる社会変革が求められ、他方ではクレジットカード、電子マネー、スマホなどによるキャッシュレス決済が浸透するなか、どうして新紙幣発行なのかと疑問視する人は少なくない。デジタル化に逆行する動きとの見方だろうが、現在日本ではまだ紙幣の利用度が高く、キャッシュレス決済を行う人も状況により現金支払いを選択するケースがある。その紙幣が各種の技術進歩によって偽造のリスクに曝されており、その対策が急務という現実もある。いずれデジタル通貨時代へ移行するにしても、紙幣が一定の役割を担っている現状では新紙幣発行は必然の流れである。とは言え、ATMや自動販売機などで新紙幣に対応したシステムの入れ替え需要による経済効果が期待され、一方では自宅で現金を保管する「タンス預金」のあぶり出しや、キャッシュレス化促進の要因になると捉える向きがあり、新紙幣がどのような効果をもたらすのか俄には結論づけにくいのも確かなようだ。

いずれにしても今回は大きな時代変化のなかでの新紙幣発行となるわけだが、紙に係わる人にとって、また別の感慨めいた思いも湧き起こってくる。新紙幣のデザインについてすでに報じられているように、一万円券、五千円券、千円券の3券種に印刷される肖像が現紙幣の福沢諭吉、樋口一葉、野口英世から、それぞれ渋沢栄一、津田梅子、北里柴三郎へと変更される。その1人である渋沢栄一は2021年のNHK大河ドラマ『青天を衝け』で主人公として焦点があてられ、広く一般にも「近代日本経済の父」としてその功績が知られるようになったが、日本の製紙業界では以前から、近代製紙産業の発展に重要な役割を果たした“大恩人”として敬われている存在なのである。

渋沢栄一は経済人として第一国立銀行をはじめとする約500もの企業の創設・育成に関わり、また約600もの教育機関、社会公共事業、研究機関等の設立・支援に尽力したとされるが、わが国の製紙産業においては1873(明治6)年、日本最初の近代的洋紙製造会社である「抄紙会社」を設立、1875年には東京・王子に工場を建設し西洋の技術と機械を導入して洋紙製造を開始している。近代製紙業の礎を築いた人物であり、現在の王子ホールディングス、日本製紙のルーツともなっている。業界関係者にとっては馴染みある偉人であり、とくに昨年（2023年）は抄紙会社設立から150周年を迎えたことから渋沢の功績に改めてスポットがあてられ、紙の博物館（東京都北区王子）でも9月から12月にかけて企画展「抄紙会社150年―洋紙発祥の地・王子」が開催された。そうした紙との縁が深い渋沢が、大きく時代が変わろうとしている今、新紙幣の肖像画に採用されたことは象徴的な意味があるようにも感じられることから、ここでは新紙幣とその加工技術に焦点をあててみたい。

## 偽造防止と使いやすさのための先端技術を高度利用

わが国における紙幣に関する書籍は数多く、また日本銀行の貨幣博物館（東京都中央区日本橋本石町）や国立印刷局のお札と切手の博物館（東京都北区王子）などでも実物を見ながらその歴史を学ぶことができるので紙幣史は割愛し、ここでは新紙幣についてその原料や加工技術について説明する。

**紙幣用紙**　和紙の主要原料として多用されていたものにコウゾ（楮）、ガンピ（雁皮）、ミツマタ（三椏）などの靭皮繊維が知られるが、紙幣の用紙には栽培が容易なミツマタが主要原料として多用されるようになり、戦後はアバカ（マニラ麻）というフィリピンなど東南アジアを主要産地とする多年生草本植物の利用技術が開発され、ミツマタとともに利用されるようになった。紙幣用紙として微細な印刷画線を再現するための印刷適性や、流通に耐えうる用紙強度および耐久性、紙幣としての品位を実現するには、それらが適していたためである。最近は原料の多くを輸入に頼っているが、新紙幣ではこれまでの伝統的な原料利用技術が受け継がれている。

**デザイン**　表面図柄の肖像画は前記した通りだが、肖像部分などの主な図柄には凹版印刷が用いられており、料額や日本銀行券の文字はとくにインキを高く盛り上げる深凹版印刷が用いられている。裏面図柄には、一万円券は赤レンガ駅舎として親しまれた歴史的建造物の「東京駅（丸の内駅舎）」が描かれており、寸法は縦 76mm × 横 160mm で現在発行の一万円札と同じ大きさ。他の新紙幣もそれぞれ現行のものと同じ大きさとなっており、寸法変更による混乱を回避している。五千円券の裏面には、古事記や万葉集に登場し古くから親しまれている花の「フジ（藤）」があしらわれている。寸法は縦 76mm × 156mm。千円券の裏面には江戸時代の浮世絵師・葛飾北斎の代表作で世界的にも知られる「富嶽三十六景（神奈川沖浪裏）」が描かれている。寸法は縦 76mm × 横 150mm。

**偽造防止技術**　これまで発行されてきた紙幣には多くの偽造防止技術が利用されいるが、今回新たに採用されている技術に高精細すき入れと 3D ホログラムがある。すき入れ自体は以前から利用されており、紙の厚さを変えることで紙幣を光に透かすと肖像などの図柄が見える技術である。江戸時代の藩札にも用いられ、現在も世界的に認知度の高い偽造防止技術となっている。同技術に加え新たに高精細なすき入れ模様が採用されているもので、新紙幣の肖像周囲に緻密な画線による連続模様が施されている。なお、すかしを入れた用紙の製造に関しては紙幣偽造防止を目的とした「すき入紙製造取締法」が制定されている。3D ホログラムは新たに採用されたもので、3D により表現された肖像が回転するという最先端技術を用いており、銀行券への採用では世界初。一万円券と五千円券には、ストライプ型のホログラムを採用している。ほかにも、従来技術として潜像模様（紙幣裏面を傾けると「NIPPON」の文字が見える）、パールインキ（紙幣を傾けると左右両端の余白部分にピンク色の光沢が見える）、マイクロ文字（コピー機などでは再現困難な微小な文字で「NIPPONGINKO」が印刷）、特殊発光インキ（紫外線を当てると表面の印章や表裏の図柄の一部が発光する）などが使われている。

**ユニバーサルデザイン**　識別マークの形状と配置を変更し、額面数字の大型化が行われる。識別マークは目の不自由な人が指で触って券種が識別できるよう指感性に優れる11本の斜線に統一し、券種ごとにその位置を変えることで識別しやすくしており、例えば一万円券の識別マークは表面左右中央の位置に付与されている。また年齢・国籍を問わず多くの人に理解できるよう、アラビア数字による料額表示を現行の日本銀行券よりも大きくしている。紙幣肖像部などの主な図柄は凹版印刷が使われているが、料額や日本銀行券という文字にはとくにインキを高く盛り上げて触るとざらざらした感じをもたせる前出の深凹版印刷により、指で券種が区別できるように工夫されている。

ちなみに資源循環の観点から紙幣を見ておくと、紙幣の平均寿命は一万円札で３～４年、使用頻度が相対的に高くて傷みやすい五千円札と千円札は１～２年と言われている。最終的に日本銀行に還流してきた紙幣は、汚損度合に応じ再度の流通に不適当なものについては復元できないほど細かく裁断されて紙幣裁断屑となり、住宅用建材や固形燃料に使われたり、トイレットペーパーや事務用品などにリサイクルされたりしているが、一般廃棄物として焼却処分されているものもある。紙幣として高機能化の加工が施されているだけに使用済みとなった紙幣は難処理古紙となるが、紙幣の偽造防止と使いやすさの両立が求められて紙への加工技術の高度化を促進させてきたのと同様、紙幣裁断屑の利用がハイレベルな古紙処理技術の開発を促す効果もある。

# 知っておきたい
# ～我が町の紙パ関連産業

5

の章で使用している統計資料の出典は次のとおり。

「都道府県別面積」…国土交通省国土地理院『2023 年全国都道府県市区町村面積調』(2023 年 10 月 1 日現在)〈北方 4 島含む〉

『人口』『世帯数』…総務省統計局『住民基本台帳』(2023 年 1 月 1 日現在)

『所得』…内閣府『2020 年度 県民経済計算』(2024 年 3 月 31 日現在)

『工業』…経済産業省『2021 年経済センサス – 活動調査 製造業(地域別統計表データ) 』(2022.12.26 公表)

『商業』…経済産業省『2021 年経済センサス – 活動調査 製造業(地域別統計表データ) 』(2022.12.26 公表)

『農業』…農林水産省『2020 年 農林業センサス』(2021.6.30 公表)

『新聞』…日本新聞協会『日刊紙の都道府県別発行部数と普及度』(2023 年 10 月 1 日現在)

『書籍・雑誌』…日販 ストアソリューション課『出版物販売額の実態 2023』(2023.11.1 発行)

『紙・板紙、パルプ』…日本製紙連合会『紙・板紙会社別生産順位』『同パルプ生産量』〈各年〉、経済産業省『生産動態統計』(各月報・年報)

『古紙』…古紙再生促進センター『2023 年 会社別古紙消費実績および順位表』

**我が町の紙パ関連産業……………………………北海道**

# 縮小しても道経済をけん引する紙パ産業

まず北海道について、産業全般と紙パ市場のつながりを眺めていく。北海道の地理・経済指標を表1に示した。北海道の面積は北方四島（約5,000km²）を含めて8万3,420km²に及び、日本全体の22％と広大だ。これに対して域内人口は510万人を割り、日本の総人口に占める割合は約4.2％、兵庫県の人口（533万人）をも下回る。必然的に人口密度は61人/km²と47都道府県の中で最も低く、全国平均（324人）の5分の1程度である。

北海道については“北の大地”という形容がよく使われるが、その大自然の中から生まれる第1次産品のうち、生産・出荷で北海道が主なトップの品目を挙げると、農産物では小豆（シェア93.3％）、ば

表1. 北海道の地理・経済指標

|  |  |
|---|---|
| 域内面積（km²）<br>（対全国比） | 83,421<br>（22.1％） |
| 域内人口（千人）<br>（対全国比） | 5,096<br>（4.2％） |
| 人口密度（人/km²）<br>（全国平均） | 61.1<br>（323.9） |
| 域内世帯数（千戸）<br>（対全国比）<br>1世帯当たり人員 | 2,771<br>（4.7％）<br>1.84 |
| 域内所得（億円）<br>（対全国比） | 140,115<br>（3.6％） |
| 1人当たり所得（万円）<br>（対全国平均指数） | 268.2<br>（85.9） |

表2. 北海道エリアの産業

|  |  |  |
|---|---|---|
| 工業統計 | 総出荷額（億円）<br>（対全国比） | 55,872<br>（1.8％） |
| | 事業所数（所）<br>（対全国比） | 5,072<br>（2.9％） |
| | 1事業所当たり出荷額（百万円）<br>（対全国平均指数） | 1,102<br>（64.5） |
| | 従業者数（人）<br>（対全国比） | 163,337<br>（2.2％） |
| | 1従業者当たり出荷額（万円）<br>（対全国平均指数） | 3,421<br>（84.6） |
| 商業統計 | 販売額（億円）<br>（対全国比） | 17,733<br>（3.3％） |
| | 事業所数（所）<br>（対全国比） | 51,407<br>（4.2％） |
| | 1事業所当たり販売額（百万円）<br>（対全国平均指数） | 344.95<br>（78.5） |
| | 従業者数（人）<br>（対全国比） | 448,726<br>（3.9％） |
| | 1従業者当たり販売額（万円）<br>（対全国平均指数） | 11,007<br>（89.9） |
| 農業統計 | 販売農家産出額（億円）<br>（対全国比） | 12,667<br>（14.1％） |
| | 販売農家数（戸）<br>（対全国比） | 30,566<br>（2.9％） |
| | 1戸当たり産出額（万円）<br>（対全国平均指数） | 4,144<br>（480.0） |

れいしょ（同81.0%）、小麦（61.8%）、てん菜（100%）、たまねぎ（60.7%）、かぼちゃ（46.7%）、大豆（44.9%）など、畜産では生乳（56.5%）、肉用牛（21.2%）がある。米も新潟県に次いで全国第2位（7.6%）。漁獲量も全国トップで、魚種としてはホッケやニシン、スケトウダラ、ホタテガイ、サケ・マス類は全国の9割を占める。食卓を彩る海の幸・山の幸の供給源の役割を果たしている。

一方、木材を1次原料とする紙パルプ産業も、木を育てて活用する第1次産業としての側面を持っている。今から1世紀余り前の1910（明治43）年、当時の王子製紙は新聞用紙の国内自給を目的に、道内で最初の近代的な製紙設備を備えた苫小牧工場を立ち上げた。この時、進出の決め手となったのが支笏湖の良質な水と勇払原野の森林だったことはよく知られている。

表3. 北海道の紙パと関連産業、関連指標

| 区分 | 指標 | 値 |
|---|---|---|
| 紙パ産業 | 総出荷額（百万円） | 303,487 |
| | （対全国比） | （4.3%） |
| | 事業所数（所） | 92 |
| | （対全国比） | （1.8%） |
| | 1事業所当たり出荷額（百万円） | 3,299 |
| | （対全国平均指数） | （234.5） |
| | 従業者数（人） | 5,159 |
| | （対全国比） | （2.9%） |
| | 1従業者当たり出荷額（万円） | 5,883 |
| | （対全国平均指数） | （148.6） |
| 印刷産業 | 総出荷額（百万円） | 100,482 |
| | （対全国比） | （2.2%） |
| | 事業所数（所） | 309 |
| | （対全国比） | （3.3%） |
| | 1事業所当たり出荷額（百万円） | 325 |
| | （対全国平均指数） | （66.1） |
| | 従業者数（人） | 6,465 |
| | （対全国比） | （2.8%） |
| | 1従業者当たり出荷額（万円） | 1,554 |
| | （対全国平均指数） | （79.9） |
| 関連指標 | 日刊新聞発行部数（千部） | 1,328 |
| | （対全国比） | （4.6%） |
| | 1部当たり人口（人） | 3.84 |
| | （全国平均） | （4.28） |
| | 1世帯当たり部数 | 0.48 |
| | （全国平均） | （0.49） |
| | 書籍・雑誌販売額（億円） | 689 |
| | （対全国比） | （4.9%） |
| | 1人当たり購入額（円） | 13,529 |
| | （対全国平均指数） | （118.1） |
| | 書店数（軒） | 380 |
| | （対全国比） | （4.7%） |
| | 1店当たり面積（坪） | 91.8 |
| | （対全国平均指数） | （103.6） |

続いて、産業全般に関わる指標を表2に掲げた。「工業」については、従業者4人以上の事業所が道内に5,000以上ある。業種別の事業所数で一番多いのが「その他水産食料品」や「冷凍水産物」などの食料品。「オフセット印刷物」をはじめとする印刷・印刷関連の事業所数は減少傾向にあるものの、北海道は全国で5番目となっている。「商業」は販売額・商店数・従

表 4. 北海道の主な紙パルプ工場　（単位：t）

| 会社名 | 工場名 | 所在地 | 2023 年 生産実績 | | | 23 年 実績 |
|---|---|---|---|---|---|---|
| | | | パルプ | 紙 | 板紙 | 古紙消費 |
| 王子エフテックス | 江別 | 江別市 | | 36,219 | | 303 |
| 王子製紙 | 苫小牧 | 苫小牧市 | 327,049 | 611,089 | 182,012 | 561,116 |
| 王子ネピア | 苫小牧 | 苫小牧市 | | 15,136 | | 8,595 |
| 王子マテリア | 釧路 | 釧路市 | | | 362,184 | 376,816 |
| 日本製紙 | 旭川 | 旭川市 | 156,770 | 180,751 | 3,398 | 15,470 |
| | 白老 | 白老郡 | 231,241 | 295,241 | | |

注）上記のほか、家庭紙メーカーとしてエリエールペーパー・赤平（大王製紙グループ）、コアレックス道栄（コアレックスグループ）がある（生産数量非公表）。　（会社名・工場名 50 音順）

業者数とも人口の全国比並みで 3 ～ 4%台のシェアだが、1 事業所あるいは 1 従業者当たりの販売額では全国平均の 78 ～ 89%台で推移する。

このほか「農業」産出額は 1 兆 2,660 億円で全国の 14%以上を占める。また販売農家 1 戸当たりの産出額は 4,140 万円で全国平均の 4.8 倍と、どちらの指標も全国トップだ。

北海道の紙パルプ関連産業の指標をみると（表 3）、総出荷額は 3,035 億円で全国第 7 位。また前出・表 2 に示した農工商業全般の指標と比べても見劣りせず、北海道の紙パ産業は道内全製造業出荷額の 5.43%を占めるなど基幹産業の一つである。さらに 1 事業所当たりの出荷額（32 億 9,900 万円）は全国平均の約 2.3 倍、1 人当たり出荷額（5,880 万円）は同 1.5 倍と高水準にある。これは 2 大メーカー（王子ホールディングス、日本製紙）グループの、原料パルプから一貫生産する大型工場が道内製紙業の主力となっているためだ（表 4）。しかし近年は、産業構造の変化などに伴い、王子 HD 子会社の王子エフテックス・江別（パルプ事業から撤退）、王子マテリア・名寄（操業停止）、日本製紙・釧路（紙パルプ事業から撤退）、さらに 24 年には王子製紙・苫小牧の N2 マシン停止など、北海道の産業を牽引してきた紙パ産業は一大転換期を迎えている。

一方、道内の印刷産業出荷額は約 1,000 億円（全国第 12 位）で、道内の全製造業に占める割合は 1.80%。これは全国平均（1.52%）を上回るが、紙パに比べれば低い。

# 組織改編や事業再構築が加速する紙パ

東北の地理・経済指標を眺めると、表1に示したように面積に比して人口の少ないことが一目瞭然だ。人口密度の125人/km²は全国平均（324人）の半分に満たない。東日本大震災から13年を経て、インフラ整備や住まい再建は完了し、農林水産業や観光業なども概ね震災前に回復しつつある。

東北は日本人の主食である米の供給基地というイメージが強く、農林水産省で公表している2023年産の米の収穫量（主食用）でみると、秋田の全国第3位を筆頭に山形が4位、宮城が5位、福島が6位、岩手が10位、青森が11位と、上位にランクされている。

しかし今日の東北は農業だけでなく、林業や水産業の分野でも日本にとって重要な役割を担っている。例えば紙パと関わりの深い森

表1. 東北の地理・経済指標

|  |  |
|---|---|
| 域内面積（km²）<br>（対全国比） | 66,947<br>（17.7%） |
| 域内人口（千人）<br>（対全国比） | 8,408<br>（6.9%） |
| 人口密度（人/km²）<br>（全国平均） | 125.6<br>（323.9） |
| 域内世帯数（千戸）<br>（対全国比）<br>1世帯当たり人員 | 3,765<br>（6.4%）<br>2.23 |
| 域内所得（億円）<br>（対全国比） | 236,462<br>（6.0%） |
| 1人当たり所得（万円）<br>（対全国平均指数） | 274.6<br>（87.9） |

表2. 東北エリアの産業

|  |  |  |
|---|---|---|
| 工業統計 | 総出荷額（億円）<br>（対全国比） | 174,359<br>（5.8%） |
| | 事業所数（所）<br>（対全国比） | 12,822<br>（7.3%） |
| | 1事業所当たり出荷額（百万円）<br>（対全国平均指数） | 1,360<br>（79.6） |
| | 従業者数（人）<br>（対全国比） | 562,077<br>（7.5%） |
| | 1従業者当たり出荷額（万円）<br>（対全国平均指数） | 3,102<br>（76.7） |
| 商業統計 | 販売額（億円）<br>（対全国比） | 270,663<br>（5.0%） |
| | 事業所数（所）<br>（対全国比） | 96,915<br>（7.9%） |
| | 1事業所当たり販売額（百万円）<br>（対全国平均指数） | 279.28<br>（63.6） |
| | 従業者数（人）<br>（対全国比） | 748,307<br>（6.6%） |
| | 1従業者当たり販売額（万円）<br>（対全国平均指数） | 10,080<br>（82.3） |
| 農業統計 | 販売農家産出額（億円）<br>（対全国比） | 14,427<br>（16.1%） |
| | 販売農家数（戸）<br>（対全国比） | 187,885<br>（18.1%） |
| | 1戸当たり産出額（万円）<br>（対全国平均指数） | 768<br>（88.9） |

林面積をみると、上位では岩手が全国第2位、福島4位、秋田7位、山形8位などが入っている。また、木材・木製品の出荷額では宮城が11位、秋田14位、漁業産出額では宮城4位、岩手9位である。

産業別の指標を表2にまとめた。6県合計の工業出荷額（約6%）や商業販売額（5.0%）の対全国比に対し、販売農家産出額では16%のシェアがある。しかし1戸当たりの産出額768万円は全国平均の89%にとどまっており、農家の生計は厳しそうだ。勢い農業は兼業の形にならざるを得ず、農家は工業や商業に労働力を供給していくことになる。その工業で出荷額のウエイトが高い業種を各県別にピックアップすると、次の通り（県名の後のカッコ内は工業出荷額の合計；億円、業種の後のカッコ内は工業出荷額全体に占める割合；%）。

表3. 東北の紙パと関連産業、関連指標

| | 項目 | 値 |
|---|---|---|
| 紙パ産業 | 総出荷額（百万円）<br>（対全国比） | 550,673<br>（7.8%） |
| | 事業所数（所）<br>（対全国比） | 242<br>（4.8%） |
| | 1事業所当たり出荷額（百万円）<br>（対全国平均指数） | 2,276<br>（161.8） |
| | 従業者数（人）<br>（対全国比） | 10,856<br>（6.1%） |
| | 1従業者当たり出荷額（万円）<br>（対全国平均指数） | 5,073<br>（128.1） |
| 印刷産業 | 総出荷額（百万円）<br>（対全国比） | 191,860<br>（4.2%） |
| | 事業所数（所）<br>（対全国比） | 592<br>（6.4%） |
| | 1事業所当たり出荷額（百万円）<br>（対全国平均指数） | 324<br>（65.9） |
| | 従業者数（人）<br>（対全国比） | 12,849<br>（5.5%） |
| | 1従業者当たり出荷額（万円）<br>（対全国平均指数） | 1,493<br>（76.7） |
| 関連指標 | 日刊新聞発行部数（千部）<br>（対全国比） | 2,249<br>（7.9%） |
| | 1部当たり人口（人）<br>（全国平均） | 3.74<br>（4.28） |
| | 1世帯当たり部数<br>（全国平均 | 0.60<br>（0.49） |
| | 書籍・雑誌販売額（億円）<br>（対全国比 | 1,014<br>（7.2%） |
| | 1人当たり購入額（円）<br>（対全国平均指数） | 12,055<br>（105.3） |
| | 書店数（軒）<br>（対全国比） | 640<br>（7.8%） |
| | 1店当たり面積（坪）<br>（対全国平均指数） | 91.3<br>（103.0） |

＊青森（16,765）＝①食料品（23.6）②非鉄金属（15.0）③電子部品（14.1）

＊岩手（24,943）＝①輸送用機械（23.3）②食料品（15.1）③生産用機械（10.7）

＊宮城（43,580）＝①食料品（15.4）②輸送用機械（12.5）③生産用機械（11.2）

＊秋田（13,078）＝①電子部品（31.9）②生産用機械（7.8）③食料品（7.5）

＊山形（28,323）＝①電子部品（20.6）②食料品（11.4）③情報通信（11.3）

＊福島（47,670）＝①化学工業（12.9）②電子部品（10.0）③輸送用機械（8.4）

東北地における紙パルプおよび

表 4. 東北の主な紙パルプ工場

(単位：t)

| 会社名 | 工場名 | 所在地 | 2023 年 生産実績 | | | 23 年 実績 |
|---|---|---|---|---|---|---|
| | | | パルプ | 紙 | 板紙 | 古紙消費 |
| 大王製紙 | いわき | 福島 | | 90,510 | 443,844 | 591,218 |
| 東邦特殊パルプ | 北上 | 岩手 | 1,990 | | | |
| 日新工業 | 山形 | 山形 | | | 3,237 | 1,884 |
| 日本製紙 | 石巻 | 宮城 | 310,356 | 460,717 | | 116,188 |
| | 岩沼 | 宮城 | 131,169 | 415,139 | | 393,036 |
| | 秋田 | 秋田 | 168,032 | 17,985 | 315,231 | 265,984 |
| 丸三製紙 | 原町 | 福島 | | | 421,281 | 435,340 |
| 三菱製紙 | 白河 | 福島 | | 52 | 42,041 | 17,375 |
| | 八戸 | 青森 | 392,560 | 401,713 | | |
| | 北上 | 岩手 | 60,516 | 21,764 | | |

注）三菱製紙は、23 年 4 月に北上ハイテクペーパーを北上工場に組織変更。

（会社名・工場名 50 音順）

関連産業の指標は表 3 の通り。紙パの出荷額は 5,500 億円で対全国比 7.8% と製造業全体のシェア（3.16%）を上回る。これは表 4 に示したように三菱製紙 / 八戸、日本製紙 / 石巻・岩沼・秋田など、日本を代表する大型の紙パルプ一貫工場が域内に立地しているためだ。したがって 1 事業所当たり出荷額は全国平均の 1.6 倍強という高いレベルで、1 従業者当たりの出荷額（5,070 万円）も全国平均を 3 割近く上回る。ちなみに東北で紙パ関連産業の出荷額が一番多いのは福島の 1,963 億円で、以下、宮城（1,750 億円）、青森（927 億円）、岩手（368 億円）の順。

東北地域の動勢をみてみる。2023 年 4 月に三菱製紙は、子会社の北上ハイテクペーパーを北上工場に組織変更を行った。三菱製紙は、北上ハイテクペーパーを含む計 4 社の子会社を吸収合併し、グループ再編を加速している。日本製紙・秋田は、2023 年を目処に、板紙事業の強化を図るため、N1 マシンを停機し洋紙生産体制の見直しを図った。このように、各社では組織改編や事業再構築を図る動きが散見される。

最後に、紙パにとって最大の得意先である印刷産業を眺めてみよう。6 県合計の出荷額は 1,920 億円と紙パの 3 割ほどで、全国に占める割合も 4% 台前半にとどまっている。事業所数は宮城や福島を除き各県とも少ないが、県別出荷額は宮城の 620 億円（全国比 1.36%）が他県を圧倒する。

## 我が町の紙パ関連産業……………………………関東

# 紙パ出荷額は全国2割強を維持

面積では日本全国の9%弱を占めるにすぎない関東1都6県だが、域内人口は4,200万人で全国比3割を超える。人口密度の約1,300人/km$^2$は全国平均の約4倍という過密ぶりで、とりわけ首都・東京は6,028人/km$^2$と突出している。首都・東京とそれを取り囲む関東圏は巨大な人口を擁し、国家の中枢機関が集中するが、あらゆる物資や情報の一大集散地でもある。物資や情報が集まるところには富が蓄積される。域内の総所得は日本全体の4割超となる161兆2,000億円に達し、1人当たりの所得約370万円は全国平均の312万円を20%近くも上回っている（表1）。

関東地方の特徴をより鮮明にしているのが、その産業構造である。すなわち販売農家の産出額が対全国比18%、製造品出荷額が同25%であるのに対し、商品販売額のシェアは47%近くと高い。つまり物づくり（第1次、2次産業）に比べて、消費やサービス（第3次産業）が重きを成すエリアといえる（表2）。

なお、工業統計から出荷金額の上位業種を都県別に列挙すると次のようになる（都県名の後のカッコ内は製造業合計の出荷金額；億円、業種名の後のカッコ内は出荷額全体に占める割合；%）。

＊茨城（121,773）…①化学工業（13.0）②食料品（12.4）③生産用機械（9.1）

＊栃木（82,353）…①輸送用機械（12.4）②電気機械（11.3）③飲料（9.6）

＊群馬（78,889）…①輸送用機械（32.9）②食

表1．関東の地理・経済指標

| 項目 | 値 |
|---|---|
| 域内面積（k㎡）<br>（対全国比） | 32,439<br>（8.6%） |
| 域内人口（千人）<br>（対全国比） | 42,088<br>（34.4%） |
| 人口密度（人/k㎡）<br>（全国平均） | 1,297.5<br>（323.9） |
| 域内世帯数（千戸）<br>（対全国比）<br>1世帯当たり人員 | 20,706<br>（35.4%）<br>2.03 |
| 域内所得（億円）<br>（対全国比） | 1,612,393<br>（40.9%） |
| 1人当たり所得（万円）<br>（対全国平均指数） | 369.4<br>（118.3） |

料品（10.5）③化学工業（9.4）

＊埼玉（128,630）…①食料品（16.0）②輸送用機械（15.7）③化学工業（12.5）

＊千葉（119,264）…①石油製品（23.2）②化学工業（17.1）③食料品（13.4）

＊東京（70,805）…①輸送用機械（15.1）②食料品（11.1）③印刷（9.8）

＊神奈川（158,353）…①輸送用機械（19.5）②化学工業（11.6）③石油製品（10.4）

総じて、地価が高くても採算のとれるような高付加価値型の工業が中心になっている。こうしたなかで東京の「印刷」業は長年にわたって製造業の上位を保ってきた。東京は大ロットから小ロットまで常に膨大な印刷需要を抱えている。

紙パと印刷産業などに関わる指標

表 2. 関東エリアの産業

|  |  |  |
|---|---|---|
| 工業統計 | 総出荷額（億円）<br>（対全国比） | 760,066<br>（25.2%） |
| | 事業所数（所）<br>（対全国比） | 45,036<br>（25.5%） |
| | 1事業所当たり出荷額（百万円）<br>（対全国平均指数） | 1,688<br>（98.8） |
| | 従業者数（人）<br>（対全国比） | 1,844,354<br>（24.7%） |
| | 1従業者当たり出荷額（万円）<br>（対全国平均指数） | 4,121<br>（101.9） |
| 商業統計 | 販売額（億円）<br>（対全国比） | 2,516,728<br>（46.6%） |
| | 事業所数（所）<br>（対全国比） | 362,320<br>（29.5%） |
| | 1事業所当たり販売額（百万円）<br>（対全国平均指数） | 694.61<br>（158.1） |
| | 従業者数（人）<br>（対全国比） | 4,096,543<br>（35.9%） |
| | 1従業者当たり販売額（万円）<br>（対全国平均指数） | 14,781<br>（120.7） |
| 農業統計 | 販売農家産出額（億円）<br>（対全国比） | 16,174<br>（18.1%） |
| | 販売農家数（戸）<br>（対全国比） | 173,890<br>（16.8%） |
| | 1戸当たり産出額（万円）<br>（対全国平均指数） | 930<br>（107.7） |

表 3. 関東の紙パと関連産業、関連指標

|  |  |  |
|---|---|---|
| 紙パ産業 | 総出荷額（百万円）<br>（対全国比） | 1,619,437<br>（22.8%） |
| | 事業所数（所）<br>（対全国比） | 1,348<br>（26.7%） |
| | 1事業所当たり出荷額（百万円）<br>（対全国平均指数） | 1,201<br>（85.4） |
| | 従業者数（人）<br>（対全国比） | 43,664<br>（24.4%） |
| | 1従業者当たり出荷額（万円）<br>（対全国平均指数） | 3,709<br>（93.7） |
| 印刷産業 | 総出荷額（百万円）<br>（対全国比） | 1,985,872<br>（43.4%） |
| | 事業所数（所）<br>（対全国比） | 3,351<br>（36.0%） |
| | 1事業所当たり出荷額（百万円）<br>（対全国平均指数） | 593<br>（120.5） |
| | 従業者数（人）<br>（対全国比） | 95,075<br>（40.4%） |
| | 1従業者当たり出荷額（万円）<br>（対全国平均指数） | 2,089<br>（107.3） |
| 関連指標 | 日刊新聞発行部数（千部）<br>（対全国比） | 9,130<br>（31.9%） |
| | 1部当たり人口（人）<br>（全国平均） | 4.61<br>（4.28） |
| | 1世帯当たり部数<br>（全国平均） | 0.44<br>（0.49） |
| | 書籍・雑誌販売額（億円）<br>（対全国比） | 5,041<br>（36.0%） |
| | 1人当たり購入額（円）<br>（対全国平均指数） | 11,976<br>（104.6） |
| | 書店数（軒）<br>（対全国比） | 2,746<br>（33.6%） |
| | 1店当たり面積（坪）<br>（対全国平均指数） | 80.3<br>（90.6） |

を表3に示した。印刷の域内総出荷額は約2兆円で対全国比43％と圧倒的だが、都県別でみても、東京（全国比15.2％）と埼玉（同15.4％）のほか、神奈川（3.6％）や千葉（3.5％）などが比較的高いシェアをもっている。印刷関連事業所数でも東京が全国1位、埼玉3位、神奈川7位だ。これに対して紙パルプ関連産業の出荷額は1兆6,200億円で、全国の約23％を占める。関東の製紙工場は表4に示したように板紙系が多いが、これは主原料の古紙が集まりやすい人口密集型の大都市を域内にいくつも抱えているからだ。

2023年の動きとして、特種東海製紙グループのトライフは、金谷工場（静岡）に続き、関東工場（栃木）の敷地内に自家消費型のソーラーパネル480枚を設置、運用を開始した。

表 4. 関東の主な紙パルプ工場　　(単位；t)

| 会社名 | 工場名 | 所在地 | 2023 年 生産実績 | | | 23 年 実績 |
|---|---|---|---|---|---|---|
| | | | パルプ | 紙 | 板紙 | 古紙消費 |
| 王子マテリア | 江戸川 | 東京 | | | 115,042 | 113,013 |
| | 日光 | 栃木 | | | 217,793 | 232,368 |
| 高砂製紙 | 本社 | 茨城 | | | 111,576 | 97,329 |
| 東邦特殊パルプ | 小山 | 栃木 | 1,706 | | | |
| 日本製紙 | 関東 / 足利 | 栃木 | | | 488,462 | 172,390 |
| | 関東 / 草加 | 埼玉 | | | | 343,744 |
| 日本製紙クレシア | 開成 | 神奈川 | | 40,425 | | |
| | 東京 | 東京 | | 69,625 | | |
| 北越コーポレーション | 関東 / 市川 | 千葉 | | | 137,065 | 134,274 |
| | 関東 / 勝田 | 茨城 | | | 91,670 | 60,378 |
| リンテック | 熊谷 | 埼玉 | | 39,755 | | |
| レンゴー | 利根川 | 茨城 | | | 346,108 | 370,522 |
| | 八潮 | 埼玉 | | | 924,038 | 957,801 |

(会社名・工場名 50 音順)

紙リサイクルの総合プランナー

## 株式会社 國 光

オフィス・工場・倉庫などで発生する使用済み印刷物・梱包紙材・段ボールのリサイクルを一手にお引受け。機密書類等は、お客様のニーズに合わせ、安心頂ける処理システムをご提案。紙リサイクルのトータルサポートで環境保護とコスト削減に貢献

【本社】〒110-0015 東京都台東区東上野5-2-5
☎ 03-6636-8525　Fax 03-6636-8520
URL:https://www.kokko-eco.co.jp
【代表者】代表取締役社長 朝倉行彦
【創業】1948（昭和 23）年
【事業内容】古紙の販売･輸出、紙製品の販売、産業廃棄物の収集運搬・処分、一般廃棄物の再生に関わる事業
【事業所】東京（台東区）、中央（大田区）、川崎（横浜市鶴見区）、横浜（横浜市西区）、横須賀（横浜市金沢区）、熊谷（熊谷市）
関係会社：㈱ WELL（草加市）

さらなるリサイクルの追求！

## 美濃紙業 株式会社

首都圏に 14 ヵ所の直営工場を所有し事業系古紙や家庭系古紙を製紙工場へ納入。機密文書は情報漏洩を防ぐため、段ボールごと処理を行い細断証明書・溶解証明書を発行。
全事業所で ISO14001、27001 を認証取得

【MINO くん】

【本社】〒120-0025 東京都足立区千住東2-23-3
☎ 03-3882-4922 Fax 03-3888-6439
フリーダイヤル（コシハミノニ）0120-548-302
URL:https://www.minoshigyo.co.jp
【代表者】代表取締役会長 近藤勝
代表取締役社長 近藤行輝
【創業】1952 年（昭和 27 年）
【事業内容】産業古紙、事業系古紙、一般古紙の販売、機密書類の細断サービス業
【事業所】本社、足立営業所、千住東、東雲、相模原、草加、戸田、宇都宮、石橋、芳賀、守谷、つくば、筑西、八街、野田

## 我が町の紙パ関連産業……………………甲信越・北陸

# 北陸新幹線の敦賀延伸で利便性が向上

日本列島のほぼ中央に位置する甲信越・北陸6県。山梨・長野の両県は内陸県で海岸線を持たず、新潟・富山・石川・福井の4県はいずれも日本海側に面するという地理的特徴を持つ。日本有数の山岳地帯を形成する山梨・長野、米どころの新潟・富山、京文化の影響を色濃く残す石川・福井と、地勢的にも文化的にも多様性に富んでいるが、近代産業発展のうえでは地理的なハンディキャップをともなった観がある。2024年1月元旦に発生した能登半島地震では、紙パ企業による救助活動や被災地支援を行ったのは記憶に新しい。

さて、上述の地理的弱点を解消するのに、北陸新幹線の延伸に期待が集まる。2024年3月には北陸新幹線の金沢～敦賀間が開通した。これまで東京～福井間は新幹線と特急を利用するか、あるいは米原経由で向かうルートがあるが、今回の金沢～敦賀間の開通により、東京～敦賀（福井）間を直通3時間前後で結ぶ。将来的に敦賀から京都に延伸する予定で、東海道新幹線と合わせ関東・北陸・近畿・中京・東海を環状に結ぶ高速鉄道ネットワークが形成される。また、調整に相当な時間を要していた、品川～名古屋～大阪間を結ぶ「リニア中央新幹線」も、2027年開業から2034年以降の開業に延期する方向性も示されるなど、ゆくゆくは北陸新幹線とともにスーパー・メガリージョンの形成が期待される。

表1. 甲信越・北陸の地理・経済指標

| 項目 | 値 |
|---|---|
| 域内面積（km²）<br>（対全国比） | 43,235<br>（11.4%） |
| 域内人口（千人）<br>（対全国比） | 7,798<br>（6.4%） |
| 人口密度（人/km²）<br>（全国平均） | 180.4<br>（323.9） |
| 域内世帯数（千戸）<br>（対全国比） | 3,330<br>（5.7%） |
| 1世帯当たり人員 | 2.34 |
| 域内所得（億円）<br>（対全国比） | 230,607<br>（5.9%） |
| 1人当たり所得（万円）<br>（対全国平均指数） | 288.5<br>（92.4） |

このように人・物・金の移動を容易にする

インフラが整うことで、甲信越・北陸エリアは重要なポジションを占めつつある。その理由の第1は表1に示したように、面積で総国土の11%を占めながら人口比は6.4%なので、人口密度は180人/km$^2$と全国平均（324人）の6割程度にとどまり、まだ多くの人を受け入れる余地がある。第2は日本海をはさんで大陸（中国）にもっとも近いことだ。

産業別の指標をみると（表2）、工業はおおむね人口や所得の全国シェアに見合っているが、商業はやや少なく、農業はやや多いという地域特性がみられる。工業統計表から、県別にみた製造品出荷額の合計と主要産業の構成比を抜き出すと次のようになる（県名の後のカッコ内は製造業合計の

表2. 甲信越・北陸エリアの産業

|  |  |  |
|---|---|---|
| 工業統計 | 総出荷額（億円） | 217,483 |
| | （対全国比） | (7.2%) |
| | 事業所数（所） | 18,417 |
| | （対全国比） | (10.4%) |
| | 1事業所当たり出荷額（百万円） | 1,181 |
| | （対全国平均指数） | (69.2) |
| | 従業者数（人） | 736,219 |
| | （対全国比） | (9.9%) |
| | 1従業者当たり出荷額（万円） | 2,954 |
| | （対全国平均指数） | (73.0) |
| 商業統計 | 販売額（億円） | 226,745 |
| | （対全国比） | (4.2%) |
| | 事業所数（所） | 92,895 |
| | （対全国比） | (7.6%) |
| | 1事業所当たり販売額（百万円） | 244.09 |
| | （対全国平均指数） | (55.6) |
| | 従業者数（人） | 704,833 |
| | （対全国比） | (6.2%) |
| | 1従業者当たり販売額（万円） | 8,667 |
| | （対全国平均指数） | (70.8) |
| 農業統計 | 販売農家産出額（億円） | 7,812 |
| | （対全国比） | (8.7%) |
| | 販売農家数（戸） | 128,555 |
| | （対全国比） | (12.4%) |
| | 1戸当たり産出額（万円） | 608 |
| | （対全国平均指数） | (70.4) |

表3. 甲信越・北陸の紙パと関連産業、関連指標

|  |  |  |
|---|---|---|
| 紙パ産業 | 総出荷額（百万円） | 502,946 |
| | （対全国比） | (7.1%) |
| | 事業所数（所） | 417 |
| | （対全国比） | (8.3%) |
| | 1事業所当たり出荷額（百万円） | 1,206 |
| | （対全国平均指数） | (85.7) |
| | 従業者数（人） | 13,614 |
| | （対全国比） | (7.6%) |
| | 1従業者当たり出荷額（万円） | 3,694 |
| | （対全国平均指数） | (93.3) |
| 印刷産業 | 総出荷額（百万円） | 295,088 |
| | （対全国比） | (6.5%) |
| | 事業所数（所） | 719 |
| | （対全国比） | (7.7%) |
| | 1事業所当たり出荷額（百万円） | 410 |
| | （対全国平均指数） | (83.3) |
| | 従業者数（人） | 17,084 |
| | （対全国比） | (7.3%) |
| | 1従業者当たり出荷額（万円） | 1,727 |
| | （対全国平均指数） | (88.7) |
| 関連指標 | 日刊新聞発行部数（千部） | 2,382 |
| | （対全国比） | (8.3%) |
| | 1部当たり人口（人） | 3.27 |
| | （全国平均） | (4.28) |
| | 1世帯当たり部数 | 0.72 |
| | （全国平均） | (0.49) |
| | 書籍・雑誌販売額（億円） | 1,160 |
| | （対全国比） | (8.3%) |
| | 1人当たり購入額（円） | 14,870 |
| | （対全国平均指数） | (129.8) |
| | 書店数（軒） | 716 |
| | （対全国比） | (8.8%) |
| | 1店当たり面積（坪） | 89.4 |
| | （対全国平均指数） | (100.9) |

表 4. 甲信越・北陸の主な紙パルプ工場　（単位：t）

| 会社名 | 工場名 | 所在地 | 2023 年 生産実績 | | | 23 年 実績 |
|---|---|---|---|---|---|---|
| | | | パルプ | 紙 | 板紙 | 古紙消費 |
| 王子マテリア | 松本 | 長野 | | | 114,371 | 112,603 |
| 加賀製紙 | 本社 | 石川 | | | 29,073 | 33,520 |
| 川端製紙 | 本社 | 福井 | | | 27,440 | 29,500 |
| 三善製紙 | 金沢 | 石川 | | 6,975 | | |
| 立山製紙 | 本社 | 富山 | | | 26,742 | 32,010 |
| 中越パルプ工業 | 高岡 | 富山 | 345,652 | 249,929 | | 103,145 |
| | 二塚 | 富山 | | 117,622 | | |
| 富山製紙 | 本社 | 富山 | | | 71,840 | 78,842 |
| 中川製紙 | 松任 | 石川 | | | 12,397 | 12,544 |
| 北越コーポレーション | 長岡 | 新潟 | | 27,111 | 300 | 1,750 |
| | 新潟 | 新潟 | 679,408 | 776,348 | 139,649 | 111,069 |
| レンゴー | 金津 | 福井 | | | 279,719 | 281,892 |

（会社名・工場名 50 音順）

出荷金額；億円、業種名の後のカッコ内は出荷額全体に占める割合：%)。

＊山梨（25,302）…①生産用機械（31.3）②食料品（9.8）③電子部品（9.1）

＊長野（60,431）…①情報通信（17.0）②電子部品（12.8）③生産用機械（10.6）

＊新潟（47,533）…①食料品（17.2）②化学工業（14.2）③金属製品（11.0）

＊富山（36,518）…①化学工業（21.4）②生産用機械（12.5）③金属製品（11.0）

＊石川（26,268）…①生産用機械（23.3）②電子部品（13.8）③情報通信（6.7）

＊福井（21,431）…①電子部品（18.3）②化学工業（9.5）③繊維工業（9.1）

工業のうち紙パルプと関連する産業の指標を表 3 に示した。紙パ出荷額 5,030 億円の対全国シェア 7.1%は、工業全体での全国シェア（7.2）とほぼ同レベル。1 事業所当たりの出荷額 12 億円は全国平均（14 億 700 万円）の 8 割強と若干見劣りするが、1 人当たり出荷額約 3,700 万円は全国平均（3,960 万円）とほぼ同水準にある。

域内の主な紙パルプ工場を表 4 に掲げた。洋紙では北越コーポレーション・新潟、中越パルプ工業・高岡が突出しているが、板紙では大手のほかローカル色の強い中堅地場メーカーがバランスよく各地に分散している。中越・高岡は家庭紙抄紙機（6 号抄紙機）の新設を進めていたが、2024 年 1 月より稼働を開始した。

都道府県別にみたパルプ・紙・紙加工品製造業（2020 年）

単位：特記しない限り百万円

| 都道府県 | 出荷額（百万円） | | 製造業に占める割合 | 事業所数（ヵ所） | | 1 事業所当たり出荷額（百万円） | | 従業者数（人） | | 1 人当たり出荷金額（万円） | |
|---|---|---|---|---|---|---|---|---|---|---|---|
| | | 全国比 | | | 全国比 | | 全国指数 | | 全国比 | | 全国指数 |
| 北海道 | 303,487 | 4.28% | 5.43% | 92 | 1.82% | 3,299 | 234.5% | 74,266 | 3.33% | 807 | 182.2% |
| 青森 | 92,718 | 1.31% | 5.53% | 29 | 0.58% | 3,197 | 227.2% | 27,046 | 1.21% | 933 | 210.6% |
| 岩手 | 36,777 | 0.52% | 1.47% | 24 | 0.48% | 1,532 | 108.9% | 10,245 | 0.46% | 427 | 96.4% |
| 宮城 | 174,953 | 2.47% | 4.01% | 59 | 1.17% | 2,965 | 210.7% | 62,610 | 2.80% | 1,061 | 239.5% |
| 秋田 | 28,840 | 0.41% | 2.21% | 17 | 0.34% | 1,696 | 120.5% | ▲ 603 | -0.03% | -35 | -7.9% |
| 山形 | 21,093 | 0.30% | 0.74% | 36 | 0.71% | 586 | 41.6% | 5,778 | 0.26% | 161 | 36.3% |
| 福島 | 196,292 | 2.77% | 4.12% | 77 | 1.53% | 2,549 | 181.2% | 46,594 | 2.09% | 605 | 136.6% |
| 東北 | 550,673 | 7.76% | 3.16% | 242 | 4.80% | 2,276 | 148.4% | 151,670 | 6.79% | 627 | 141.5% |
| 茨城 | 269,541 | 3.80% | 2.21% | 129 | 2.56% | 2,089 | 148.5% | 80,521 | 3.61% | 624 | 140.9% |
| 栃木 | 292,145 | 4.12% | 3.55% | 96 | 1.90% | 3,043 | 216.3% | 119,341 | 5.35% | 1,243 | 280.6% |
| 群馬 | 94,601 | 1.33% | 1.20% | 91 | 1.80% | 1,040 | 73.9% | 25,817 | 1.16% | 284 | 64.1% |
| 埼玉 | 491,041 | 6.92% | 3.82% | 422 | 8.37% | 1,164 | 82.7% | 175,647 | 7.87% | 416 | 93.9% |
| 千葉 | 137,903 | 1.94% | 1.16% | 118 | 2.34% | 1,169 | 83.1% | 49,359 | 2.21% | 418 | 94.4% |
| 東京 | 145,940 | 2.06% | 2.06% | 343 | 6.80% | 425 | 30.2% | 52,262 | 2.34% | 152 | 34.3% |
| 神奈川 | 188,266 | 2.65% | 1.19% | 149 | 2.95% | 1,264 | 89.8% | 62,884 | 2.82% | 422 | 95.3% |
| 関東 | 1,619,437 | 22.82% | 2.13% | 1,348 | 26.73% | 1,289 | 103.5% | 565,831 | 25.35% | 420 | 94.8% |
| 山梨 | 24,746 | 0.35% | 0.98% | 42 | 0.83% | 589 | 41.9% | 9,935 | 0.45% | 237 | 53.5% |
| 長野 | 75,226 | 1.06% | 1.24% | 93 | 1.84% | 809 | 57.5% | 22,620 | 1.01% | 243 | 54.9% |
| 新潟 | 177,578 | 2.50% | 3.74% | 92 | 1.82% | 1,930 | 137.2% | 39,176 | 1.75% | 426 | 96.2% |
| 富山 | 130,574 | 1.84% | 3.58% | 67 | 1.33% | 1,949 | 138.5% | 43,375 | 1.94% | 647 | 146.0% |
| 石川 | 19,395 | 0.27% | 0.74% | 51 | 1.01% | 380 | 27.0% | 8,349 | 0.37% | 164 | 37.0% |
| 福井 | 75,427 | 1.06% | 3.52% | 72 | 1.43% | 1,048 | 74.5% | 26,671 | 1.19% | 370 | 83.5% |
| 甲信越・北陸 | 502,946 | 7.09% | 2.31% | 417 | 8.27% | 1,118 | 79.5% | 150,126 | 6.73% | 360 | 81.3% |
| 岐阜 | 214,459 | 3.02% | 3.82% | 180 | 3.57% | 1,191 | 84.6% | 64,917 | 2.91% | 361 | 81.5% |
| 静岡 | 818,709 | 11.54% | 4.98% | 462 | 9.16% | 1,772 | 125.9% | 259,547 | 11.63% | 562 | 126.9% |
| 愛知 | 376,792 | 5.31% | 0.86% | 368 | 7.30% | 1,024 | 72.8% | 111,000 | 4.97% | 302 | 68.2% |
| 三重 | 86,390 | 1.22% | 0.82% | 65 | 1.29% | 1,329 | 94.5% | 22,827 | 1.02% | 351 | 79.2% |
| 東海 | 1,496,350 | 21.09% | 1.95% | 1,075 | 21.32% | 1,329 | 94.5% | 458,291 | 20.53% | 426 | 96.2% |
| 滋賀 | 122,082 | 1.72% | 1.61% | 75 | 1.49% | 1,628 | 115.7% | 35,844 | 1.61% | 478 | 107.9% |
| 京都 | 124,161 | 1.75% | 2.36% | 138 | 2.74% | 900 | 64.0% | 41,731 | 1.87% | 302 | 68.2% |
| 大阪 | 314,867 | 4.44% | 1.85% | 523 | 10.37% | 602 | 42.8% | 113,049 | 5.06% | 216 | 48.8% |
| 兵庫 | 309,196 | 4.36% | 2.03% | 182 | 3.61% | 1,699 | 120.8% | 112,399 | 5.04% | 618 | 139.5% |
| 奈良 | 56,412 | 0.80% | 3.29% | 57 | 1.13% | 990 | 70.4% | 23,796 | 1.07% | 417 | 94.1% |
| 和歌山 | 34,855 | 0.49% | 1.46% | 28 | 0.56% | 1,244 | 88.4% | 10,103 | 0.45% | 361 | 81.5% |
| 近畿 | 961,573 | 13.55% | 1.95% | 1,003 | 19.89% | 1,177 | 83.7% | 336,922 | 15.09% | 336 | 75.8% |
| 鳥取 | 90,397 | 1.27% | 12.19% | 38 | 0.75% | 2,379 | 169.1% | 23,889 | 1.07% | 629 | 142.0% |
| 島根 | 29,128 | 0.41% | 2.50% | 29 | 0.58% | 1,004 | 71.4% | 11,114 | 0.50% | 383 | 86.5% |
| 岡山 | 113,112 | 1.59% | 1.60% | 66 | 1.31% | 1,714 | 121.8% | 40,335 | 1.81% | 611 | 137.9% |
| 広島 | 90,214 | 1.27% | 1.02% | 84 | 1.67% | 1,074 | 76.3% | 25,098 | 1.12% | 299 | 67.5% |
| 山口 | 94,078 | 1.33% | 1.67% | 31 | 0.61% | 3,035 | 215.7% | 26,154 | 1.17% | 844 | 190.5% |
| 中国 | 416,929 | 5.88% | 1.78% | 248 | 4.92% | 1,841 | 130.8% | 126,590 | 5.67% | 510 | 115.1% |
| 徳島 | 120,820 | 1.70% | 6.73% | 39 | 0.77% | 3,098 | 220.2% | 35,744 | 1.60% | 917 | 207.0% |
| 香川 | 129,118 | 1.82% | 5.11% | 68 | 1.35% | 1,899 | 135.0% | 34,248 | 1.53% | 504 | 113.8% |
| 愛媛 | 540,040 | 7.61% | 14.20% | 210 | 4.16% | 2,572 | 182.8% | 144,307 | 6.46% | 687 | 155.1% |
| 高知 | 65,103 | 0.92% | 11.90% | 54 | 1.07% | 1,206 | 85.7% | 25,412 | 1.14% | 471 | 106.3% |
| 四国 | 855,081 | 12.05% | 9.86% | 371 | 7.36% | 2,193 | 155.9% | 239,711 | 10.74% | 646 | 145.8% |
| 福岡 | 99,126 | 1.40% | 1.11% | 111 | 2.20% | 893 | 63.5% | 34,097 | 1.53% | 307 | 69.3% |
| 佐賀 | 74,109 | 1.04% | 3.65% | 36 | 0.71% | 2,059 | 146.3% | 26,808 | 1.20% | 745 | 168.2% |
| 長崎 | 4,422 | 0.06% | 0.27% | 15 | 0.30% | 295 | 21.0% | 1,791 | 0.08% | 119 | 26.9% |
| 熊本 | 89,931 | 1.27% | 3.19% | 25 | 0.50% | 3,597 | 255.7% | 34,021 | 1.52% | 1,361 | 307.2% |
| 大分 | 31,516 | 0.44% | 0.82% | 17 | 0.34% | 1,854 | 131.8% | 10,895 | 0.49% | 641 | 144.7% |
| 宮崎 | 35,482 | 0.50% | 2.17% | 16 | 0.32% | 2,218 | 157.6% | 9,683 | 0.43% | 605 | 136.6% |
| 鹿児島 | 48,391 | 0.68% | 2.44% | 21 | 0.42% | 2,304 | 163.8% | 9,887 | 0.44% | 471 | 106.3% |
| 沖縄 | 6,251 | 0.09% | 1.33% | 6 | 0.12% | 1,042 | 74.1% | 1,729 | 0.08% | 288 | 65.0% |
| 九州・沖縄 | 389,228 | 5.49% | 1.67% | 247 | 4.90% | 1,783 | 126.7% | 128,911 | 5.77% | 522 | 117.8% |
| 全国合計 | 7,095,704 | 100.0% | 2.35% | 5,043 | 100.0% | 1,407 | 100.0% | 2,232,319 | 100.0% | 443 | 100.0% |

〈注〉製造品出荷額、事業所数は 2020 年 1 ～ 12 月実績、従業者数は 2019 年実績。

## 我が町の紙パ関連産業……………………………東海

# 豊かで調和のとれた産業構造を形成

いずれも太平洋に面する東海4県は昔からモノづくりの盛んな土地柄で、日本経済の成長を支えてきた。域内面積は総国土の8%に満たないものの、人口比では12%弱と高く、域内所得の全国シェアも12%超えをキープしている（表1)。首都・東京と第2の都市・大阪を結ぶようにして4県が連なり、その間に第3の都市・名古屋を擁している。東西交通の要衝としてのポジションは中世から近世、現代に至るまで変わっておらず、物づくり（工業）だけでなく商業や農業と合わせ、豊かで調和のとれた産業構造になっていることは表2を見れば明らかだろう。

とはいえ突出しているのは、やはり工業である。総出荷額の76兆5,460億円は全国の4分の1に相当し、他のエリアを圧倒している。これは、製造品出荷額で全国1位の愛知（シェア14.6%）と3位の静岡（同5.5%）が含まれているからだ。1事業所当たりの出荷額は24億1,200万円で、全国平均より40%以上多い。また従業者1人当たりの出荷額は4,750万円に達し、これも全国の平均値を100とすれば117と高い。

表1. 東海の地理・経済指標

| 項目 | 値 |
|---|---|
| 域内面積（k㎡）<br>（対全国比） | 29,346<br>(7.8%) |
| 域内人口（千人）<br>（対全国比） | 14,402<br>(11.8%) |
| 人口密度（人 /k㎡）<br>（全国平均） | 490.8<br>(323.9) |
| 域内世帯数（千戸）<br>（対全国比） | 6,436<br>(11.0%) |
| 1世帯当たり人員 | 2.24 |
| 域内所得（億円）<br>（対全国比） | 480,641<br>(12.2%) |
| 1人当たり所得（万円）<br>（対全国平均指数） | 322.0<br>(103.1) |

一方、商品販売額の全国シェアは11%で、ほぼ人口比並み。また販売農家の産出額シェアは7.7%だが、愛知県のキャベツや、ふき、しそ、静岡の茶、みかんなどは全国有数の産出額だ。ちなみに東海地区の各県別にみた製造品出荷金額の合計と主要産業の構成比は、次のようになる（県名の後のカッコ内は製造業合

計の出荷金額；億円、業種名の後のカッコ内は出荷額全体に占める割合；%)。

＊岐阜 (56,149) …①輸送用機械 (19.3) ②プラスチック製品 (8.6) ③金属製品 (8.4)

＊静岡 (164,513) …①輸送用機械 (24.2) ②電気機械 (14.4) ③化学工業 (12.7)

＊愛知 (439,880) …①輸送用機械 (53.1) ②電気機械 (7.7) ③鉄鋼業 (4.9)

＊三重 (104,919) …①輸送用機械 (25.1) ②電子部品 (16.3) ③化学工業 (11.8)

4県ともトップは「輸送用機械器具製造業」、すなわち自動車産業である。

紙パルプと関連産業の指標を表3に示した。まず紙パの総出荷額1兆4,960億円は全国シェアの21%強に上り、エリアのシェアではNo.1。これは全国一の紙パ出荷額を誇る静岡県(シェア11.5%) の存在があるからだ。同

表2. 東海エリアの産業

|  |  |  |
|---|---|---|
| 工業統計 | 総出荷額（億円） | 765,460 |
| | （対全国比） | (25.4%) |
| | 事業所数（所） | 31,738 |
| | （対全国比） | (18.0%) |
| | 1事業所当たり出荷額（百万円） | 2,412 |
| | （対全国平均指数） | (141.2) |
| | 従業者数（人） | 1,610,211 |
| | （対全国比） | (21.6%) |
| | 1従業者当たり出荷額（万円） | 4,754 |
| | （対全国平均指数） | (117.5) |
| 商業統計 | 販売額（億円） | 598,838 |
| | （対全国比） | (11.1%) |
| | 事業所数（所） | 148,247 |
| | （対全国比） | (12.1%) |
| | 1事業所当たり販売額（百万円） | 403.95 |
| | （対全国平均指数） | (92.0) |
| | 従業者数（人） | 1,337,002 |
| | （対全国比） | (11.7%) |
| | 1従業者当たり販売額（万円） | 11,669 |
| | （対全国平均指数） | (95.3) |
| 農業統計 | 販売農家産出額（億円） | 6,916 |
| | （対全国比） | (7.7%) |
| | 販売農家数（戸） | 89,786 |
| | （対全国比） | (8.7%) |
| | 1戸当たり産出額（万円） | 770 |
| | （対全国平均指数） | (89.2) |

表3. 東海の紙パと関連産業、関連指標

|  |  |  |
|---|---|---|
| 紙パ産業 | 総出荷額（百万円） | 1,496,350 |
| | （対全国比） | (21.1%) |
| | 事業所数（所） | 1,075 |
| | （対全国比） | (21.3%) |
| | 1事業所当たり出荷額（百万円） | 1,392 |
| | （対全国平均指数） | (98.9) |
| | 従業者数（人） | 38,113 |
| | （対全国比） | (21.3%) |
| | 1従業者当たり出荷額（万円） | 3,926 |
| | （対全国平均指数） | (99.1) |
| 印刷産業 | 総出荷額（百万円） | 501,999 |
| | （対全国比） | (11.0%) |
| | 事業所数（所） | 1,154 |
| | （対全国比） | (12.4%) |
| | 1事業所当たり出荷額（百万円） | 435 |
| | （対全国平均指数） | (88.4) |
| | 従業者数（人） | 26,443 |
| | （対全国比） | (11.3%) |
| | 1従業者当たり出荷額（万円） | 1,898 |
| | （対全国平均指数） | (97.5) |
| 関連指標 | 日刊新聞発行部数（千部） | 3,381 |
| | （対全国比） | (11.8%) |
| | 1部当たり人口（人） | 4.26 |
| | （全国平均） | (4.28) |
| | 1世帯当たり部数 | 0.53 |
| | （全国平均） | (0.49) |
| | 書籍・雑誌販売額（億円） | 1,799 |
| | （対全国比） | (12.8%) |
| | 1人当たり購入額（円） | 12,490 |
| | （対全国平均指数） | (109.1) |
| | 書店数（軒） | 954 |
| | （対全国比） | (11.7%) |
| | 1店当たり面積（坪） | 95.0 |
| | （対全国平均指数） | (107.2) |

県は、紙パの1事業所および1従業者当たりの出荷額でも全国平均を上回っている。これに対し印刷産業の出荷額は東海4県で5,020億円、対全国シェア11%と人口比並み。1事業所・1従業者当たりの出荷額も、ほぼ全国平均レベルだ。

東海地区の主な製紙工場を表4に掲げた。1990年代以降の業界再編で王子グループ、日本製紙グループ、特種東海製紙、大王製紙、北越コーポレーションなど大手の基幹工場が主体となった。最近の動勢として、特種東海製紙は、24年3月末で岐阜工場を閉鎖し、特殊紙生産を三島工場に集約することを決定している。

**家庭紙中心に出荷額トップの静岡県**　静岡県は東京や名古屋の大消費地に近く、東海道の主要幹線（鉄道、道路とも）が東西に走るという恵まれた立地条件を活かして、さまざまな産業が発達している。かつては「産業のデパート」などともいわれた。地理的には富士川と大井川を境にして東部・中部・西部の3地域に区分されるが、紙・板紙・パルプ・紙加工品の製造が活発なのは東部、とくに富士市と富士宮市である。

富士山の豊富な水源を利用して古くから製紙業が発達し、静岡県の紙・板紙・紙加工品出荷額は約8,200億円と全国No.1を誇る。王子ホールディングスおよび日本製紙という、わが国の2大メーカーの重要な生産拠点が静岡県内にあるほか、白板紙や衛生用紙、特殊紙などを生産する中堅・中小メーカーが数多く集積している。

静岡県の紙生産の中でも、群を抜いて大きなシェアをもっているのが衛生用紙（「家庭紙」ともいう）である。衛生用紙はトイレットペーパー（TP）、ティシュペーパー、タオルペーパーのいわゆる“家庭紙3品”に加え、ちり紙、テーブルナプキン、生理用紙など、われわれの日常生活に欠かせない身近な紙製品だ。その中のTPをみると、静岡地区はパルプ品を含む全国の3割強、再生紙品では5割弱のシェアを占めている。製造業者は40社ほどあり、一頃よりかなり減ったが、業者数も日本一である。

表 4. 東海の主な紙パルプ工場　　　　（単位：t）

| 会社名 | 工場名 | 所在地 | 2023年 生産実績 | | | 23年 実績 古紙消費 |
|---|---|---|---|---|---|---|
| | | | パルプ | 紙 | 板紙 | |
| エコペーパー JP | 本社 | 愛知 | | ○ | 98,841 | 139,023 |
| 王子エフテックス | 岩渕 | 静岡 | | 12,321 | | |
| | 芝川 | 静岡 | | | 28,457 | |
| | 東海 | 静岡 | | | ○ | 102 |
| | 中津 | 岐阜 | | 28,411 | | |
| | 富士 | 静岡 | | 9,006 | | |
| 王子製紙 <3> | 春日井 | 愛知 | 392,912 | 406,081 | | 94,867 |
| 王子ネピア <3> | 名古屋 | 愛知 | | 108,107 | | |
| 王子マテリア | 恵那 | 岐阜 | | | 212,045 | 221,236 |
| | 祖父江 | 愛知 | | | 263,471 | 271,791 |
| | 中津川 | 岐阜 | | | 131,889 | 138,915 |
| | 富士 | 静岡 | | | 403,948 | 395,221 |
| 大井製紙 | 大井 | 岐阜 | | | ○ | |
| KJ 特殊紙 | 富士 | 静岡 | | 17,446 | | |
| 興亜工業 | 本社 | 静岡 | | 35,946 | 433,619 | 503,993 |
| 五條製紙 | 本社 | 静岡 | | ○ | ○ | |
| 巴川製紙所 | 本社 | 静岡 | | 5,941 | | |
| 新東海製紙 | 島田 | 静岡 | 131,642 | | | 499,021 |
| 大王製紙 | 可児 | 岐阜 | 348,459 | 242,213 | | |
| 大興製紙 | 本社 | 静岡 | 83,974 | 74,629 | | |
| 大二製紙 | 本社 | 静岡 | | 19,475 | | 25,392 |
| 大豊製紙 | 本社 | 岐阜 | | | 99,986 | 108,023 |
| TENTOK | 本社 | 静岡 | | 27,285 | | |
| 東栄製紙工業 | 本社 | 岐阜 | | | 32,762 | 34,382 |
| 東京製紙 | 本社 | 静岡 | | | 7,525 | 3,005 |
| 特種東海製紙 | 岐阜 | 岐阜 | | 3,009 | | |
| | 島田 | 静岡 | | 90,079 | 477,892 | |
| | 三島 | 静岡 | | 36,307 | | |
| トライフ | 島田 | 静岡 | | 29,401 | | |
| 日本製紙 | 富士 | 静岡 | | 2,195 | 439,559 | 4,571 |
| | 吉永 | 静岡 | | | | 436,985 |
| 日本製紙クレシア | 興陽 | 静岡 | | 30,061 | 12,883 | |
| 日本製紙パピリア | 原田 | 静岡 | | 14,159 | | |
| 富士共和製紙 | 本社 | 静岡 | | | 11,334 | 2,527 |
| 北越コーポレーション | 紀州 | 三重 | 191,073 | 235,395 | | 15,649 |
| 丸井製紙 | 本社 | 静岡 | | ○ | 32,558 | 31,246 |
| 山恭製紙所 | 本社 | 静岡 | | | 15,235 | |

注 1）○印は数量不明または非公表
注 2）掲載表のほか岐阜県には河村製紙、大福製紙、中洲製紙、中村製紙、ハビックスなどの家庭紙・機能紙メーカーが、また静岡県には丸富衛材、イデシギョー、春日製紙工業、特種東海エコロジー、紺屋製紙、コアレックス信栄、新橋製紙、大一紙工、ダイオーペーパープロダクツ、高尾丸王製紙、田子浦パルプ、林製紙、藤枝製紙、富士里和製紙、マスコー製紙、丸富製紙など多数の家庭紙・衛生用紙メーカーがある（生産数量非公表）。
注 3）王子ネピア・名古屋工場の生産量は王子製紙・春日井工場の衛生用紙生産量に相当。春日井の生産量からは、その分を除外。
注 4〉天間特殊製紙は 2023 年 12 月 1 日より TENTOK に社名変更。（会社名·工場名 50 音順）

## 我が町の紙パ関連産業……………………………近畿

# 古紙需要を背景に好調持続する地域性

近畿2府4県の面積が日本全土に占める割合は7%余りだが、人口比では2倍以上の16%強と高く、域内所得も約60兆円と全国シェアは約15%になる（表1）。大阪湾沿いに形成された阪神工業地帯は時代をさかのぼれば、堺をはじめとして江戸期以前から商工業の中心地として栄えた。またエリアとしてみれば太平洋と日本海の両側に面していることから、全国各地の名産・特産品が船便によって絶えず運び込まれた。今は往時の勢いこそ失われたが、日本第2の都市・大阪を中心とした商圏は東京に次ぐ規模で、仮に自然災害などにより首都機能が麻痺状態に陥った場合、受け皿となるのは当地を除いてほかにはない。

続いて産業全般に関わる指標を表2に示した。まず製造品出荷額は全国第2位の大阪（シェア5.6%）、同5位の兵庫（同5.1%）を中心に6府県合計で対全国比16%強の49兆円に上る。ただし中小企業の割合が多いためか1事業所当たりの出荷額15億8,000万円は全国平均の9割程度にとどまり、1従業者当たりの出荷額4,170万円も全国平均（4,045万円）とほぼ同額に並ぶ。府県別にみた出荷金額（従業者4人以上の事業所）の合計と上位3業種（中分類）の構成比は次の通り（府県名の後のカッコ内は工業出荷額の合計；億円、業種の後のカッコ内は工業出荷額全体に占める割合；%）。

表1．近畿の地理・経済指標

| 項目 | 値 |
|---|---|
| 域内面積（k㎡）<br>（対全国比） | 27,352<br>（7.2%） |
| 域内人口（千人）<br>（対全国比） | 19,894<br>（16.3%） |
| 人口密度（人/k㎡）<br>（全国平均） | 727.3<br>（323.9） |
| 域内世帯数（千戸）<br>（対全国比） | 9,654<br>（16.5%） |
| 1世帯当たり人員 | 2.06 |
| 域内所得（億円）<br>（対全国比） | 580,896<br>（14.8%） |
| 1人当たり所得（万円）<br>（対全国平均指数） | 282.8<br>（90.6） |

＊滋賀（75,971）…①化学工業（14.9）②輸送用機械（12.9）③電気機械（11.2）

＊京都（52,704）…①飲料・飼料（14.2）②その他（11.5）③食料品（10.2）

＊大阪（169,758）…①輸送用機械（13.1）②生産用機械（10.7）③化学工業（9.7）

＊兵庫（152,499）…①化学工業（13.5）②鉄鋼業（11.0）③食料品（10.9）

＊奈良（17,157）…①食料品（12.9）②輸送用機械（10.9）③プラスチック製造業（8.7）

＊和歌山（23,835）…①化学工業（18.7）②鉄鋼業（18.0）③石油製品（17.9）

一方、商品販売額の85兆円は対全国シェア約16％で、前回調査(90兆8,100億円）比で6.4％減少した。さらに販売農家の産出額は4,500億円で同5.1％と、面積に比べてやや低い数値だ。

紙パルプ関連産業の指標を表3に

表2. 近畿エリアの産業

|  |  |  |
|---|---|---|
| 工業統計 | 総出荷額（億円）（対全国比） | 491,923（16.3%） |
| | 事業所数（所）（対全国比） | 31,127（17.6%） |
| | 1事業所当たり出荷額（百万円）（対全国平均指数） | 1,580（92.5） |
| | 従業者数（人）（対全国比） | 1,178,736（15.8%） |
| | 1従業者当たり出荷額（万円）（対全国平均指数） | 4,173（103.2） |
| 商業統計 | 販売額（億円）（対全国比） | 850,047（15.8%） |
| | 事業所数（所）（対全国比（52.3） | 198,492（16.2%） |
| | 1事業所当たり販売額（百万円）（対全国平均指数） | 428.25（97.5） |
| | 従業者数（人）（対全国比） | 1,891,226（16.6%） |
| | 1従業者当たり販売額（万円）（対全国平均指数（52.3） | 11,200（91.5） |
| 農業統計 | 販売農家産出額（億円）（対全国比） | 4,549（5.1%） |
| | 販売農家数（戸）（対全国比（52.3） | 100,831（9.7%） |
| | 1戸当たり産出額（万円）（対全国平均指数） | 451（52.3） |

表3. 近畿の紙パと関連産業、関連指標

|  |  |  |
|---|---|---|
| 紙パ産業 | 総出荷額（百万円）（対全国比） | 961,573（13.6%） |
| | 事業所数（所）（対全国比） | 1,003（19.9%） |
| | 1事業所当たり出荷額（百万円）（対全国平均指数） | 959（68.2） |
| | 従業者数（人）（対全国比） | 29,049（16.2%） |
| | 1従業者当たり出荷額（万円）（対全国平均指数） | 3,310（83.6） |
| 印刷産業 | 総出荷額（百万円）（対全国比） | 914,877（20.0%） |
| | 事業所数（所）（対全国比） | 1,736（18.7%） |
| | 1事業所当たり出荷額（百万円）（対全国平均指数） | 527（107.1） |
| | 従業者数（人）（対全国比） | 43,073（18.3%） |
| | 1従業者当たり出荷額（万円）（対全国平均指数） | 2,124（109.1） |
| 関連指標 | 日刊新聞発行部数（千部）（対全国比） | 4,614（16.1%） |
| | 1部当たり人口（人）（全国平均） | 4.31（4.28） |
| | 1世帯当たり部数（全国平均） | 0.48（0.49） |
| | 書籍・雑誌販売額（億円）（対全国比） | 1,984（14.2%） |
| | 1人当たり購入額（円）（対全国平均指数） | 9,973（87.1） |
| | 書店数（軒）（対全国比） | 1,242（15.2%） |
| | 1店当たり面積（坪）（対全国平均指数） | 83.1（93.8） |

表 4. 近畿の主な紙パルプ工場 （単位：t）

| 会社名 | 工場名 | 所在地 | 2023 年 生産実績 | | | 23 年 実績 |
|---|---|---|---|---|---|---|
| | | | パルプ | 紙 | 板紙 | 古紙消費 |
| 王子イメージングメディア | 神崎 | 兵庫 | | 992 | | |
| 王子マテリア | 大阪 | 大阪 | | | 238,255 | 245,089 |
| 大阪製紙 | 本社 | 大阪 | | ○ | 51,562 | 36,132 |
| 大津板紙 | 本社 | 滋賀 | | | 197,931 | 206,273 |
| 大和板紙 | 本社 | 大阪 | | | 28,084 | 27,956 |
| 日本製紙クレシア | 京都 | 京都 | | 48,640 | | |
| 日本製紙パピリア | 吹田 | 大阪 | | ○ | | |
| ダイオーペーパーテクノ | 加古川 | 兵庫 | | | 7,824 | 8,544 |
| 兵庫製紙 | 本社 | 兵庫 | | 47,132 | 226,995 | |
| 兵庫パルプ工業 | 谷川 | 兵庫 | 185,188 | | | |
| 福山製紙 | 本社 | 大阪 | | | 268,378 | 271,227 |
| 三菱製紙 | 高砂 | 兵庫 | | 3,864 | | |
| レンゴー | 尼崎 | 兵庫 | | | 406,234 | 419,130 |

注 1）○印は数量不明または非公表。このほか山陽製紙（大阪＝薄葉紙）、西日本衛材（兵庫＝家庭紙）、リバース（大阪府＝家庭紙）などのメーカーがある（生産数量非公表）。
注 2）2022 年 10 月に大成製紙とハリマペーパーテックが合併し、ダイオーペーパーテクノに商号変更。 （会社名・工場名 50 音順）

掲げた。紙パの出荷額は9,600億円で対全国比13.6%。この内訳は大阪4.4%、兵庫4.4%、滋賀1.7%、京都1.8%など。製紙業以外の紙製品、段ボール、紙器、製袋など幅広い裾野を形成しており、それらは総じて小規模事業者が多いため、近畿全体の1事業所当たり出荷額は9.6億円と全国平均（14億円）の7割程度にとどまっている。一方、印刷産業の出荷額は9,150億円で紙パに比べて若干格差が生じるも、対全国シェアは20%を占める。

エリアの主な紙パ工場を表4に示す。域内最大の生産量を誇るのはレンゴー・尼崎で、以下、福山製紙・本社、兵庫製紙・本社、王子マテリア・大阪、大津板紙・本社の順。上位はすべて板紙メーカーだが、これは①大阪が物資の集散地で大量の段ボールを必要としたため、使用後の段古紙を主原料とする板紙工場が増えた ②大阪に知名度の高い食料品や医薬品メーカーが多く、その包材として産業用紙の需要が増えた―などの事情による。

また兵庫パルプ工業・谷川は日本で唯一、世界でも数少ない未晒クラフトパルプ（UKP）の市販専業工場だが、近年は国産材の集荷に有利な立地を活かしバイオマス発電による売電事業にも注力している。

# 木質由来燃料など多様な製品製造を展開

本州の西部に位置する中国地方は、行政区分としては鳥取・島根・岡山・広島・山口の5県で構成される。平安時代中期に編纂された律令細則『延喜式』による「近国」「中国」「遠国」の三区分の、「中国」に属していたのが呼称の由来ともいわれる。

脊梁山脈である中国山地が、山口県東部から島根県南部/広島県北部を抜けて鳥取県南部/岡山県北部まで延びているため、気候は山陰と山陽とで大きく異なる。山陰は日本海側気候で、冬には雪が多い。一方、山陽は瀬戸内海式の気候であり、年間を通して雨が少ない。

中国エリアの地理・経済指標を表1に示す。面積では日本全体の8.5%を占めるが、人口比は6%程度。当エリアにとって積年の課題とされているのが“陰陽格差”の解消である。70年代の高度経済成長以降に顕在化した山陰=過疎、山陽=過密という格差状態は山陽自動車道の全通(97年)、本州四国連絡橋の全通(99年)によって一層拡大しているのが現実だ。例えば人口分布をみても、山陽に属する3県(岡山・広島・山口)がいずれも100万人以上を擁し合計すると600万人近くあるのに対し、山陰の2県(鳥取・島根)はともに65万人に満たず合わせて120万人にすぎない。

表1. 中国の地理・経済指標

| 項目 | 値 |
|---|---|
| 域内面積(k㎡) | 31,921 |
| (対全国比) | (8.5%) |
| 域内人口(千人) | 7,051 |
| (対全国比) | (5.8%) |
| 人口密度(人/k㎡) | 220.9 |
| (全国平均) | (323.9) |
| 域内世帯数(千戸) | 3,316 |
| (対全国比) | (5.7%) |
| 1世帯当たり人員 | 2.13 |
| 域内所得(億円) | 204,565 |
| (対全国比) | (5.2%) |
| 1人当たり所得(万円) | 282.0 |
| (対全国平均指数) | (90.3) |

産業全般に関する指標を表2に掲げる。まず製造品の総出荷額23兆円は全国の約8%を占める。注目すべきは1事業所当たりの出荷

額で、全国平均より20％近く多い20億円を計上している。これは化学コンビナートをはじめ、大規模な重工業地帯が水島、福山、周南を中心とする瀬戸内海沿岸に形成されているからだ。また当エリアにおける臨海型の大型紙パルプ一貫工場も、この瀬戸内工業地域に立地している。

各県別にみた製造品出荷額の合計（従業者4人以上の事業所）と主要業種（中分類）の構成比は次の通り（県名の後のカッコ内は製造業合計の出荷金額；億円、業種名の後のカッコ内は出荷額全体に占める割合；%）。

＊鳥取（7,413）…①電子部品（19.9）②食料品（19.2）③紙パルプ（12.2）

＊島根（11,651）…①電子部品（21.2）②情報通信（14.6）③鉄鋼業（13.2）

表2. 中国エリアの産業

| 区分 | 項目 | 数値 |
|---|---|---|
| 工業統計 | 総出荷額（億円）<br>（対全国比） | 234,534<br>(7.8%) |
| | 事業所数（所）<br>（対全国比） | 11,521<br>(6.5%) |
| | 1事業所当たり出荷額（百万円）<br>（対全国平均指数） | 2,036<br>(119.2) |
| | 従業者数（人）<br>（対全国比） | 521,866<br>(7.0%) |
| | 1従業者当たり出荷額（万円）<br>（対全国平均指数） | 4,494<br>(111.1) |
| 商業統計 | 販売額（億円）<br>（対全国比） | 226,322<br>(4.2%) |
| | 事業所数（所）<br>（対全国比） | 78,520<br>(6.4%) |
| | 1事業所当たり販売額（百万円）<br>（対全国平均指数） | 288.23<br>(65.6) |
| | 従業者数（人）<br>（対全国比） | 636,386<br>(5.6%) |
| | 1従業者当たり販売額（万円）<br>（対全国平均指数） | 9,858<br>(80.5) |
| 農業統計 | 販売農家産出額（億円）<br>（対全国比） | 4,577<br>(5.1%) |
| | 販売農家数（戸）<br>（対全国比） | 93,467<br>(9.0%) |
| | 1戸当たり産出額（万円）<br>（対全国平均指数） | 490<br>(56.7) |

表3. 中国の紙パと関連産業、関連指標

| 区分 | 項目 | 数値 |
|---|---|---|
| 紙パ産業 | 総出荷額（百万円）<br>（対全国比） | 416,929<br>(5.9%) |
| | 事業所数（所）<br>（対全国比） | 248<br>(4.9%) |
| | 1事業所当たり出荷額（百万円）<br>（対全国平均指数） | 1,681<br>(119.5) |
| | 従業者数（人）<br>（対全国比） | 10,455<br>(5.8%) |
| | 1従業者当たり出荷額（万円）<br>（対全国平均指数） | 3,988<br>(100.7) |
| 印刷産業 | 総出荷額（百万円）<br>（対全国比） | 216,545<br>(4.7%) |
| | 事業所数（所）<br>（対全国比） | 482<br>(5.2%) |
| | 1事業所当たり出荷額（百万円）<br>（対全国平均指数） | 449<br>(91.3) |
| | 従業者数（人）<br>（対全国比） | 12,140<br>(5.2%) |
| | 1従業者当たり出荷額（万円）<br>（対全国平均指数） | 1,784<br>(91.7) |
| 関連指標 | 日刊新聞発行部数（千部）<br>（対全国比） | 1,875<br>(6.6%) |
| | 1部当たり人口（人）<br>（全国平均） | 3.76<br>(4.28) |
| | 1世帯当たり部数<br>（全国平均） | 0.57<br>(0.49) |
| | 書籍・雑誌販売額（億円）<br>（対全国比） | 711<br>(5.1%) |
| | 1人当たり購入額（円）<br>（対全国平均指数） | 10,090<br>(88.1) |
| | 書店数（軒）<br>（対全国比） | 453<br>(5.6%) |
| | 1店当たり面積（坪）<br>（対全国平均指数） | 103.8<br>(117.2) |

表 4. 中国の主な紙パルプ工場　（単位：t）

| 会社名 | 工場名 | 所在地 | 2023 年 生産実績 | | | 23 年 実績 |
|---|---|---|---|---|---|---|
| | | | パルプ | 紙 | 板紙 | 古紙消費 |
| アテナ製紙 | 本社 | 岡山 | | | 33,709 | 34,432 |
| 王子製紙 | 米子 | 鳥取 | 415,128 | 342,932 | 74,259 | |
| 王子マテリア | 呉 | 広島 | 246,745 | 177,082 | | 12,077 |
| 岡山製紙 | 本社 | 岡山 | | | 144,280 | 158,550 |
| 三洋製紙 | 本社 | 鳥取 | | | 204,774 | |
| ダイオーペーパーテクノ | 本社／津山 | 岡山 | | | 68,144 | 69,613 |
| 日本製紙 | 岩国 | 山口 | 408,724 | 443,094 | | |
| | 江津 | 島根 | 71,303 | | | |
| | 大竹 | 広島 | | 63,956 | 253,676 | 233,407 |

注）2022 年 10 月に大成製紙とハリマペーパーテックが合併し、ダイオーペーパーテクノに商号変更。
（会社名・工場名 50 音順）

＊岡山（70,601）…①石油石炭（15.8）②化学工業（14.9）③輸送用機械（12.2）
＊広島（88,699）…①輸送用機械（32.9）②鉄鋼業（11.2）③生産用機械（9.7）
＊山口（56,169）…①化学工業（32.1）②輸送用機械（17.2）③石油石炭（11.5）

紙パルプ関連産業の指標を表 3 に示す。対全国シェアは総出荷額が 4,170 億円で約 6%、事業所数が約 5%、従業者数が約 6%とさほど多くはないが、1 事業所当たり出荷額 16.8 億円は全国平均を 20%上回る。また、従業員 1 人当たり出荷額も 4,000 万円近くに上り、全国平均（3,960 万円）とほぼ同じ。これは表 4 に示したように、紙・板紙年産 20 万 t 以上の大型工場が多いからだ。

当エリアの大型紙パ工場としては日本製紙・岩国、王子製紙・米子が双壁。日本製紙・岩国は国内最大級の KP 製造ラインをもつ。また江の川の河口に位置する江津は溶解パルプのほか、食品・化粧品向けの CM 化 CNF 量産設備が 2017 年 9 月より稼働。さらに 21 年 11 月には、車載用リチウムイオン電池や食品用途の CMC 増産設備の更新を行っている。

一方、東側に伯耆富士（大山）を臨み、日本海に注ぐ日野川に面した王子・米子は、2023 年 5 月から、航空機の代替燃料の原料として、木質由来エタノール・糖液のパイロット製造設備を導入すると発表。稼働時期は 2024 年度後半を予定している。

## 我が町の紙パ関連産業……………………………四国

# 全国上位シェアながらも進化続ける紙パ

平安時代の『延喜式』によると、当時の四国には阿波・讃岐・伊予・土佐という四つの国が存在した。ここから、近世以降「四国」と呼ばれるようになったといわれている。四国と本州、九州は古くから瀬戸内海の海運を通じて経済的・文化的交流が盛んだった。とりわけ徳島・香川は近畿・岡山地方、また愛媛は広島・山口・九州地方（福岡、大分など）との交流が深かった。一方、高知は他3県に比べると他地域との交流が少なかったようだが、明治維新から近代日本の形成を支えた人物を多数輩出した。その文化的背景には、小事にこだわらない土佐人の南国的な気風があるからだろう。

日本列島を構成する本土四島のなかで、四国の面積は4県合わせても表1のように総国土の5%にとどまる。だが、4県の中でも瀬戸内海側の香川・愛媛は人口が多く、人口密度も高い。特に香川は507人/km$^2$で全国でも上位に入る。四国の4県は合わせて“3%経済”などと呼ばれているように、全国に占める経済規模はおおむね3%前後にとどまっている。

表1. 四国の地理・経済指標

| 項目 | 値 |
|---|---|
| 域内面積（k㎡） | 18,802 |
| （対全国比） | (5.0%) |
| 域内人口（千人） | 3,648 |
| （対全国比） | (3.0%) |
| 人口密度（人/k㎡） | 194.0 |
| （全国平均） | (323.9) |
| 域内世帯数（千戸） | 1,763 |
| （対全国比） | (3.0%) |
| 1世帯当たり人員 | 2.07 |
| 域内所得（億円） | 98,176 |
| （対全国比） | (2.5%) |
| 1人当たり所得（万円） | 265.6 |
| （対全国平均指数） | (85.1) |

四国エリアの産業全般に関わる指標を表2に掲げた。最初に工業統計をみると、総出荷額・事業所数・従業者数ともまさしく3%経済であることが分かる。経済センサス-活動調査（従業者4人以上の事業所）から、製造品出荷額の上位3業種（中分類）を県別に列挙すると次のようになる（県名の後のカッコ内は工業出荷額の合計；億円、業種の後のカッコ内は

工業出荷額全体に占める割合；%)。

＊徳島（17,953）…①化学工業（34.0）②電子部品（22.5）③食料品（9.0）

＊香川（25,290）…①非鉄金属（17.0）②食料品（14.9）③輸送用機械（8.0）

＊愛媛（38,041）…①非鉄金属（18.5）②紙パルプ（14.2）③輸送用機械（9.9）

＊高知（5,472）…①食料品（16.8）②紙パルプ（11.9）③窯業（10.7）

東の静岡と並んで紙づくりが盛んな愛媛、そして、土佐和紙の長い伝統を持つ高知の両県で紙パが上位3業種に名を連ねている。このほか紙パは徳島や香川でも上位にランクしている。一方「商業統計」の商品販売額は10兆2,000億円で、対全国比は約2%。「農業統計」の販売農家産出額

表2．四国エリアの産業

|  |  |  |
|---|---|---|
| 工業統計 | 総出荷額（億円）<br>（対全国比） | 86,756<br>(2.9%) |
| | 事業所数（所）<br>（対全国比） | 5,967<br>(3.4%) |
| | 1事業所当たり出荷額（百万円）<br>（対全国平均指数） | 1,454<br>(85.1) |
| | 従業者数（人）<br>（対全国比） | 213,462<br>(2.9%) |
| | 1従業者当たり出荷額（万円）<br>（対全国平均指数） | 4,064<br>(100.5) |
| 商業統計 | 販売額（億円）<br>（対全国比） | 102,161<br>(1.9%) |
| | 事業所数（所）<br>（対全国比） | 43,758<br>(3.6%) |
| | 1事業所当たり販売額（百万円）<br>（対全国平均指数） | 233.47<br>(53.2) |
| | 従業者数（人）<br>（対全国比） | 318,201<br>(2.8%) |
| | 1従業者当たり販売額（万円）<br>（対全国平均指数） | 8,685<br>(70.9) |
| 農業統計 | 販売農家産出額（億円）<br>（対全国比） | 4,102<br>(4.6%) |
| | 販売農家数（戸）<br>（対全国比） | 63,852<br>(6.2%) |
| | 1戸当たり産出額（万円）<br>（対全国平均指数） | 642<br>(74.4) |

表3．四国の紙パと関連産業、関連指標

|  |  |  |
|---|---|---|
| 紙パ産業 | 総出荷額（百万円）<br>（対全国比） | 855,081<br>(12.0%) |
| | 事業所数（所）<br>（対全国比） | 371<br>(7.4%) |
| | 1事業所当たり出荷額（百万円）<br>（対全国平均指数） | 2,305<br>(163.8) |
| | 従業者数（人）<br>（対全国比） | 18,526<br>(10.3%) |
| | 1従業者当たり出荷額（万円）<br>（対全国平均指数） | 4,616<br>(116.6) |
| 印刷産業 | 総出荷額（百万円）<br>（対全国比） | 106,349<br>(2.3%) |
| | 事業所数（所）<br>（対全国比） | 263<br>(2.8%) |
| | 1事業所当たり出荷額（百万円）<br>（対全国平均指数） | 404<br>(82.1) |
| | 従業者数（人）<br>（対全国比） | 6,316<br>(2.7%) |
| | 1従業者当たり出荷額（万円）<br>（対全国平均指数） | 1,684<br>(86.5) |
| 関連指標 | 日刊新聞発行部数（千部）<br>（対全国比） | 886<br>(3.1%) |
| | 1部当たり人口（人）<br>（全国平均） | 4.11<br>(4.28) |
| | 1世帯当たり部数<br>（全国平均） | 0.50<br>(0.49) |
| | 書籍・雑誌販売額（億円）<br>（対全国比） | 463<br>(3.3%) |
| | 1人当たり購入額（円）<br>（対全国平均指数） | 12,692<br>(110.8) |
| | 書店数（軒）<br>（対全国比） | 308<br>(3.8%) |
| | 1店当たり面積（坪）<br>（対全国平均指数） | 101.1<br>(114.1) |

表 4. 四国の主な紙パルプ工場　（単位：t）

| 会社名 | 工場名 | 所在地 | 2023 年 生産実績 | | | 23 年 実績 |
|---|---|---|---|---|---|---|
| | | | パルプ | 紙 | 板紙 | 古紙消費 |
| 愛媛製紙 | 本社 | 愛媛 | | 92,227 | 248,659 | 229,588 |
| 王子製紙 | 富岡 | 徳島 | 230,215 | 262,204 | | 78,781 |
| 王子ネピア | 徳島 | 徳島 | | 35,393 | | |
| O&Cアイボリーボード | 徳島 | 徳島 | | 1,216 | 85,642 | |
| 大王製紙 | 三島 | 愛媛 | 941,844 | 1,208,795 | 765,410 | 1,165,866 |
| 日本製紙パピリア | 高知 | 高知 | | ○ | | |
| 丸住製紙 | 大江 | 愛媛 | 176,156 | 272,953 | | |
| | 川之江 | 愛媛 | | 2,371 | | 269,987 |
| リンテック | 三島 | 愛媛 | | 51,478 | | |

注 1）○印は数量不明または非公表
注 2）掲載表のほか愛媛県には泉製紙、イトマン、大高製紙、金柳製紙、トーヨ、大富士製紙、服部製紙、福田製紙、丸石製紙、丸和、八幡浜紙業、ヨンパ、香川県には金豊製紙、高知県には河野製紙、コーヨー製紙、三昭紙業、四国特紙など多数の機械すき和紙（家庭紙）メーカーがある（いずれも生産数量非公表）　（会社名・工場名 50 音順）

は 4,100 億円で 5%近いシェアがある。

紙パルプと関連産業に関する指標を表 3 に示した。まず紙パの総出荷額は、静岡県富士市 / 富士宮市と並ぶ紙の産地として有名な、四国中央市のある全国第 2 位の愛媛が含まれているため、対全国比 12%の 8,550 億円と高いシェアを持つ。地域別にみても、上位の東海や近畿に次いでシェアは高い。県別のシェア構成（%）は徳島 1.7、香川 1.8、愛媛 7.6、高知 0.9。1 事業所当たりの出荷額は 23 億円で、北海道や東北に次いで多く、全国平均の 1.6 倍というレベル。一方、印刷の総出荷額をみると 1,060 億円で、全国に占める割合は 2%程度にとどまっている。

四国の主な紙パルプ工場を表 4 に掲げた。日本最大の規模を誇る大王製紙・三島の存在が大きい。三島では、2023 年 7 月から洋紙生産用の 15 号抄紙機を改造し、紙おむつなどの主要材料の一つであるフラッフパルプの生産を開始した。また、王子製紙・富岡や丸住製紙・大江などパルプ一貫の大型工場も有し、丸住・大江は、23 年 4 月に衛生用紙と加工設備を稼働するなど、進化し続けている。そのほか、阿波製紙、日本製紙パピリア・高知、廣瀬製紙、三木特種製紙、リンテック・三島などユニークな特殊機能紙を製造するメーカーの工場が多いのも、当エリアの特徴といえる。

# 世界的半導体メーカー進出で期待高まる

日本の最南端、九州・沖縄地区は古くから大陸との交流を通じて、わが国の歴史や文化に国際色豊かな彩りをもたらしてきた。江戸時代の長崎・出島や平戸、琉球（沖縄）が大陸との交易を通じて日本全体に及ぼした影響の大きさは計り知れない。このエリアは面積からみれば総国土の約12%。域内人口も同じくらいの比率を占めている。域内の人口密度は全国平均に最も近く、域内所得や1人当たり所得も突出した数値ではない（表1）が、地理的に大陸が近いことによる豊かな国際性を有し、特にアジア諸国との交流は古い。最近の動きとして、半導体の受託生産では世界最大手の台湾の台湾積体電路製造（TSMC）が、熊本県菊陽町に工場を建設、2024年末からの量産を予定しており、九州地域はもとより、国内全体への経済波及効果に期待が高まる。

産業全般に関わる指標を表2に掲げた。工業出荷額や商業販売額が全国比7%台後半であるのに対し、販売農家の産出額では2割を超えるシェアがあり、第1次産品主体の産業構造になっていることが分かる。販売農家産出額のシェアを県別に見ると鹿児島の5.3%がもっとも高く、以下、熊本の3.8%、宮崎の3.7%、福岡の2.2%と続く。ちなみに各県の名産品で全国シェアが1位のものをランダムにピックアップすると、福岡＝辛子明太子、佐賀＝養殖のり、長崎＝びわ、熊本＝トマト、大分＝カボス、

表1. 九州・沖縄の地理・経済指標

| 項目 | 値 |
|---|---|
| 域内面積（km²） | 44,512 |
| （対全国比） | (11.8%) |
| 域内人口（千人） | 14,040 |
| （対全国比） | (11.5%) |
| 人口密度（人/km²） | 315.4 |
| （全国平均） | (323.9) |
| 域内世帯数（千戸） | 6,752 |
| （対全国比） | (11.5%) |
| 1世帯当たり人員 | 2.08 |
| 域内所得（億円） | 355,746 |
| （対全国比） | (9.0%) |
| 1人当たり所得（万円） | 249.7 |
| （対全国平均指数） | (80.0) |

宮崎＝キュウリ、鹿児島＝オクラ、沖縄＝サトウキビと、およそ日常の食生活に必要なものは域内でほぼ自給できる。

紙パと関連産業の指標を表3に示した。紙パの域内総出荷額約4,000億円は対全国比5.5%とやや物足りないが、1事業所当たりの出荷額約15.7億円は全国平均を12%近く上回っている。これは後述するように、年産20万tを超える大型製紙工場が域内紙パ産業の主体だからだ。

一方、同じ表で印刷産業をみると、総出荷額は3,000億円を割り対全国比でも5.7%。総出荷額のシェアでは紙パを上回っているが、1事業所当たり出荷額は4億円を割っており、全

表2. 九州・沖縄エリアの産業

| 区分 | 項目 | 数値 |
|---|---|---|
| 工業統計 | 総出荷額（億円）<br>（対全国比） | 233,580<br>(7.7%) |
| | 事業所数（所）<br>（対全国比） | 15,158<br>(8.6%) |
| | 1事業所当たり出荷額（百万円）<br>（対全国平均指数） | 1,541<br>(90.2) |
| | 従業者数（人）<br>（対全国比） | 635,294<br>(8.5%) |
| | 1従業者当たり出荷額（万円）<br>（対全国平均指数） | 3,677<br>(90.9) |
| 商業統計 | 販売額（億円）<br>（対全国比） | 429,309<br>(8.0%) |
| | 事業所数（所）<br>（対全国比） | 156,366<br>(12.7%) |
| | 1事業所当たり販売額（百万円）<br>（対全国平均指数） | 274.55<br>(62.5) |
| | 従業者数（人）<br>（対全国比） | 1,215,906<br>(10.7%) |
| | 1従業者当たり販売額（万円）<br>（対全国平均指数） | 9,658<br>(78.9) |
| 農業統計 | 販売農家産出額（億円）<br>（対全国比） | 18,332<br>(20.5%) |
| | 販売農家戸数（千戸）<br>（対全国比） | 168,510<br>(16.2%) |
| | 1戸当たり産出額（万円）<br>（対全国平均指数） | 1,088<br>(126.0) |

表3. 九州・沖縄の紙パと関連産業、関連指標

| 区分 | 項目 | 数値 |
|---|---|---|
| 紙パ産業 | 総出荷額（百万円）<br>（対全国比） | 389,228<br>(5.5%) |
| | 事業所数（所）<br>（対全国比） | 247<br>(4.9%) |
| | 1事業所当たり出荷額（百万円）<br>（対全国平均指数） | 1,576<br>(112.0) |
| | 従業者数（人）<br>（対全国比） | 9,753<br>(5.4%) |
| | 1従業者当たり出荷額（万円）<br>（対全国平均指数） | 3,991<br>(100.8) |
| 印刷産業 | 総出荷額（百万円）<br>（対全国比） | 262,519<br>(5.7%) |
| | 事業所数（所）<br>（対全国比） | 700<br>(7.5%) |
| | 1事業所当たり出荷額（百万円）<br>（対全国平均指数） | 375<br>(76.2) |
| | 従業者数（人）<br>（対全国比） | 15,660<br>(6.7%) |
| | 1従業者当たり出荷額（万円）<br>（対全国平均指数） | 1,676<br>(86.1) |
| 関連指標 | 日刊新聞発行部数（千部）<br>（対全国比） | 2,743<br>(9.6%) |
| | 1部当たり人口（人）<br>（全国平均） | 5.12<br>(4.28) |
| | 1世帯当たり部数<br>（全国平均） | 0.41<br>(0.49) |
| | 書籍・雑誌販売額（億円）<br>（対全国比） | 1,161<br>(8.3%) |
| | 1人当たり購入額（円）<br>（対全国平均指数） | 8,266<br>(72.2) |
| | 書店数（軒）<br>（対全国比） | 730<br>(8.9%) |
| | 1店当たり面積（坪）<br>（対全国平均指数） | 101.7<br>(114.8) |

表 4. 九州・沖縄の主な紙パルプ工場　（単位：t）

| 会社名 | 工場名 | 所在地 | 2023 年 生産実績 | | | 23 年 実績 |
|---|---|---|---|---|---|---|
| | | | パルプ | 紙 | 板紙 | 古紙消費 |
| 王子マテリア | 大分 | 大分 | | | 306,603 | 327,471 |
| | 佐賀 | 佐賀 | | | 296,515 | 302,721 |
| 王子製紙 | 日南 | 宮崎 | 171,512 | 220,557 | | 65,713 |
| 中越パルプ工業 | 川内 | 鹿児島 | 252,215 | 215,519 | | |
| 日本製紙 | 八代 | 熊本 | 230,196 | 372,374 | | 133,117 |

注）このほか大分製紙（大分）、コトブキ製紙（佐賀）、昭和製紙（沖縄）などの家庭紙メーカーがある（生産数量非公表）。　（会社名・工場名 50 音順）

国平均の 8 割にも満たない。また 1 従業者当たり出荷額 1,670 万円も全国比で 86%にとどまっている。県別に印刷関係の事業者数をみると、福岡県は 311 社で全国第 6 位だが、その他の県は 26 位の鹿児島（95 社）から 44 位の佐賀（46 社）に至るまで総じて少ない。この印刷産業に用紙を安定供給する毛細血管的な役割を果たしているのが紙卸商で、日本洋紙板紙卸商業組合傘下の組合員は福岡 9 社 2 支店、佐賀 2 社、長崎 1 社、熊本 3 社、大分 1 社、宮崎 2 社、鹿児島 1 社、沖縄 1 社と合計 20 社 2 支店を数える。

当エリアにある主な紙パルプ工場を表 4 に示した。掲載した 4 事業所はすべて年産 20 万 t 以上の大型工場で、うち洋紙系の 3 工場はいずれもパルプからの一貫生産体制を敷いている。このうち中越パルプ工業・川内は木材パルプだけでなく、地元の放置竹林から産出される竹素材を活用した竹パルプ 100%の紙も生産。また板紙系の 2 工場はともに王子マテリアで、合わせると年間 60 万 t 超の古紙を使用する。当エリアにはこのほか、表の注記にあるような家庭紙、機械抄き和紙メーカーが地場に密着する形で存在している。

さらに忘れてならないのは福岡県の特産工芸品にも指定されている八女の手すき和紙。文禄年間（1592 ～ 96）に越前（福井県）からの技法伝来以来、八女市の南端を東西に流れる矢部川の流域で広く紙すきが行われ、最盛期には 1,800 戸もの家が斯業に携わったとある。この地方特有の長い繊維をもった楮（こうぞ）の使用により、他産地にはない強靭で優美な和紙が得られ、板画（版画）家・棟方志功の「東海道五十三次」にも使われた。今でも幅広い分野に愛用され、とりわけ表装用の和紙としては高い評価を受けている。

# 紙パルプ産業の総合需給図（2023年）

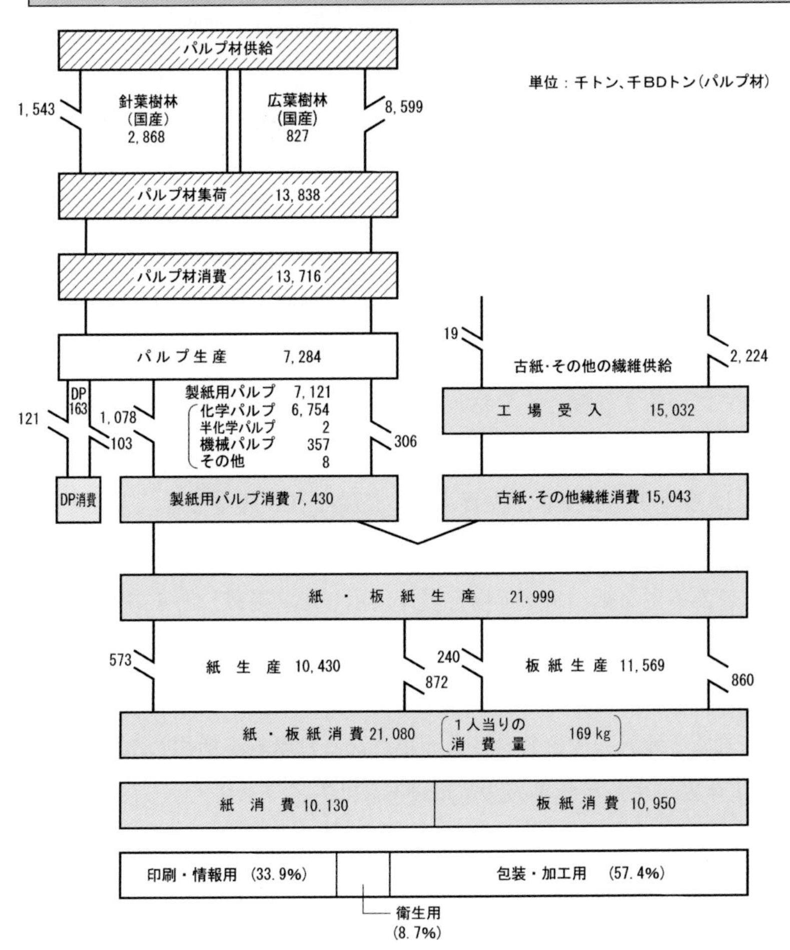


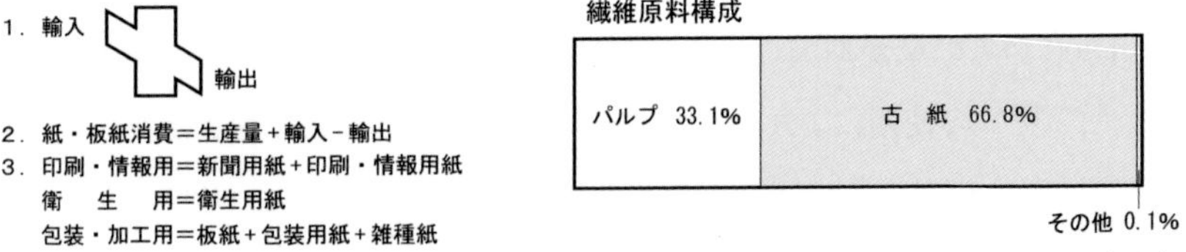


資料出所：日本製紙連合会「紙・パルプ産業の現状」（2024年版）

# 知っておきたい<br>〜業界構造とユーザー

❻

## 製紙業界

# 実需の格差が開く洋紙と板紙

現在、わが国には日本製紙連合会加盟の正会員数で31社、団体加入では6団体がある。製紙連会員以外の中小メーカーまで含めると、従業員20名以上の企業で200社以上、4名以上にまで拡げると400社近い数の製紙メーカーが事業を営んでいるとみられている。わが国の製紙業界はここ10数年の再編統合で急速に企業数を減らし、シェアは一部の大手企業にほぼ集約されているのが実情となっている。それが2大メーカーと呼ばれる企業グループで、すなわち王子ホールディングス（HD）グループと日本製紙グループとの2つであり、国内生産量全体の42.1%と4割強を占める。

紙・板紙別の国内生産量（23年実績）をみると、まず洋紙では国内総生産量1,043.0万tのうち、日本製紙グループ（日本製紙、日本製紙クレシア、日本製紙パピリア）が23.5%（245.4万t）、王子HDグループ（王子製紙、王子エフテックス、王子マテリア、王子ネピア、王子イメージングメディア、O&Cアイボリーボード）が21.7%（226.6万t）と、この2大グループで全体の45.3%を占める。

同様に、板紙の23年生産量は1,156.9万tだったが、このうち王子HDグループ（王子マテリア、王子エフテックス、王子製紙、O&Cアイボリーボード）が26.2%（303.2万t）、レンゴーグループ（レンゴー、丸三製紙、大阪製紙）が21.0%（242.9万t）、日本製紙グループ（日本製紙、日本製紙クレシア）が13.1%（151.3万t）と、この3大グループで全体の60.3%を占める構造になっている。

中国をはじめとする新興国の製紙産業が急速に力を付けていくなかにあって、近年わが国製紙産業の重要課題となっていたのはコスト競争力の

表1. 紙・板紙合計生産ランキング（2023年:9万t以上）
（単位：t、%）

| 順位 | 会社名 | 生産量 | 前年比 | シェア | 累計 |
|---|---|---|---|---|---|
| 1 | 日本製紙 | 4,123,024 | 91.0% | 17.05% | 17.05% |
| 2 | 王子マテリア | 3,059,900 | 92.8% | 12.91% | 29.96% |
| 3 | 大王製紙 | 2,926,642 | 94.0% | 12.50% | 42.46% |
| 4 | 王子製紙 | 2,257,836 | 93.0% | 9.54% | 52.01% |
| 5 | レンゴー | 2,113,275 | 92.6% | 8.89% | 60.90% |
| 6 | 北越コーポレーション | 1,468,328 | 95.9% | 6.40% | 67.30% |
| 7 | 特種東海製紙 | 678,640 | 89.5% | 2.76% | 70.06% |
| 8 | 中越パルプ工業 | 651,631 | 89.5% | 2.65% | 72.71% |
| 9 | 興亜工業 | 502,977 | 93.4% | 2.13% | 74.84% |
| 10 | 三菱製紙 | 458,493 | 102.4% | 2.13% | 76.98% |
| 11 | 丸三製紙 | 418,810 | 100.6% | 1.92% | 78.89% |
| 12 | 愛媛製紙 | 375,474 | 95.7% | 1.55% | 80.44% |
| 13 | 丸住製紙 | 356,262 | 73.3% | 1.25% | 81.69% |
| 14 | 兵庫製紙 | 281,725 | 102.6% | 1.25% | 82.94% |
| 15 | 福山製紙 | 267,160 | 95.3% | 1.22% | 84.16% |
| 16 | 三洋製紙 | 231,862 | 88.3% | 0.93% | 85.09% |
| 17 | 日本製紙クレシア | 230,843 | 87.3% | 0.92% | 86.01% |
| 18 | 大津板紙 | 222,347 | 89.0% | 0.90% | 86.91% |
| 19 | 王子ネピア | 181,226 | 87.5% | 0.72% | 87.63% |
| 20 | 岡山製紙 | 150,698 | 95.7% | 0.66% | 88.28% |
| 21 | 王子エフテックス | 136,064 | 84.1% | 0.52% | 88.80% |
| 22 | 高砂製紙 | 111,413 | 100.1% | 0.51% | 89.31% |
| 23 | 大豊製紙 | 107,869 | 117.1% | 0.45% | 89.76% |
| 24 | エコペーパーJP | 105,262 | 91.6% | 0.45% | 90.21% |
| 25 | リンテック | 90,110 | 86.7% | 0.41% | 90.63% |
| | その他 | 2,061,575 | — | — | — |
| | 合計 | 21,998,751 | 93.0% | 100.0% | |

以下の注記は表2、表3にも適用　注）三菱製紙…23年4月1日、子会社の北上ハイテクペーパーを吸収合併し北上工場とした。大王製紙…いわき大王製紙含む。TENTOK…天間特殊製紙が23年12月1日に社名変更
資料：日本製紙連合会（以下同）

強化である。とりわけ洋紙分野では大手各社が大型で高速の抄紙機を導入し、生産効率を高めることで製造コストの大幅な低減を目指した。07～09年に相次いで営業運転を開始した、塗工印刷用紙を抄造する“4大”大型抄紙機は、北越コーポレーション新潟工場のN-9号機、王子製紙富岡工場のN-1号機、大王製紙三島工場のN-10号機、日本製紙石巻工場のN-6号機であったが、このうちN-6号機は2022年5月付で停機に至っている。

製紙各社が生産能力削減を進めているのは、08年秋のリーマン・ショックを境に印刷用紙の需要が落ち込んだことにより大型抄紙機の潜在能力をフルに発揮できない状況が続いているからだ。仮に各社の大型抄紙機がそのままフル稼働を行えば供給過剰は必至で、製品価格の大幅な下落による収益悪化は避けられない。製紙業界は供給過剰を防ぐために操業短縮、抄紙機の停機、工場閉鎖などに踏み切っている。20年春のコロナ禍以降、国内需要量が大幅に落ち込んだことで、生産能力削減に拍車が掛かっている。

表2. 紙のメーカー別生産ランキング（2023年）　（単位：t、%）

| 順位 | 会社名 | 生産量 | 前年比 | シェア | 累計 |
|---|---|---|---|---|---|
| 1 | 日本製紙 | 2,251,452 | 88.8% | 21.59% | 21.59% |
| 2 | 王子製紙 | 1,842,863 | 95.6% | 17.67% | 39.26% |
| 3 | 大王製紙 | 1,541,518 | 94.0% | 14.78% | 54.04% |
| 4 | 北越コーポレーション | 1,038,854 | 96.3% | 9.96% | 64.00% |
| 5 | 中越パルプ工業 | 583,070 | 90.1% | 5.59% | 69.59% |
| 6 | 三菱製紙 | 427,393 | 103.0% | 4.10% | 73.69% |
| 7 | 丸住製紙 | 275,324 | 73.3% | 2.64% | 76.32% |
| 8 | 日本製紙クレシア | 188,751 | 90.5% | 1.81% | 78.13% |
| 9 | 王子マテリア | 177,082 | 92.6% | 1.70% | 79.83% |
| 10 | 王子ネピア | 158,636 | 87.5% | 1.52% | 81.35% |
| 11 | 特種東海製紙 | 129,395 | 91.7% | 1.24% | 82.59% |
| 12 | 愛媛製紙 | 92,227 | 91.8% | 0.88% | 83.48% |
| 13 | リンテック | 91,233 | 86.7% | 0.87% | 84.35% |
| 14 | 王子エフテックス | 85,957 | 79.7% | 0.82% | 85.18% |
| 15 | 大興製紙 | 74,629 | 95.5% | 0.72% | 85.89% |
| 16 | 兵庫製紙 | 47,132 | 100.6% | 0.45% | 86.34% |
| 17 | 興亜工業 | 35,946 | 102.7% | 0.34% | 86.69% |
| 18 | トライフ | 29,401 | 106.2% | 0.28% | 86.97% |
| 19 | TENTOK | 27,285 | 84.7% | 0.26% | 87.23% |
| 20 | 大二製紙 | 19,475 | 105.0% | 0.19% | 87.42% |
| 21 | KJ特殊紙 | 17,446 | 84.5% | 0.17% | 87.59% |
| 22 | 日本製紙パピリア | 14,159 | 68.4% | 0.14% | 87.72% |
| 23 | 三善製紙 | 6,975 | 112.2% | 0.07% | 87.79% |
| 24 | 巴川製紙所 | 5,941 | 103.9% | 0.06% | 87.85% |
| 25 | O&Cアイボリーボード | 1,216 | 82.0% | 0.01% | 87.86% |
| | その他 | 1,266,371 | — | — | — |
| | 合計 | 10,429,731 | 92.5% | 100.0% | |

もう1つの方策は縮減傾向にある国内市場をカバーするため輸出を強化することだ。11～12年は1ドル70円台という猛烈な円高や東日本大震災の影響で一時的に輸出からの撤退を余儀なくされたメーカーもあったが、13年には円安基調に転じ、洋紙各社は再び輸出市場に活路を見出している。特に22年12月には32年ぶりに1ドル150円台にまで円安が進み、さらに23年から24年にかけては140円台後半から150円台中盤を推移するなど円安が定着し始めている。製紙業界では、極端な円安は輸出による為替差益が見込める一方、輸入パルプなどの原燃料資材の高止まりが収益悪化を招くとして懸念を強めている。

他方、板紙は底堅い需要があり需給が安定している。段ボール原紙や白板紙といったパッケージ向け素材はデジタルやITなどによって置き換えられることがないからだ。また、プラスチックなどの他素材と比較してリサイクルに適していることからSDGs（持続可能な開発目標）の観点で大いに注

表3. 板紙のメーカー別生産ランキング（2023年）
（単位：t、%）

| 順位 | 会社名 | 生産量 | 前年比 | シェア | 累計 |
|---|---|---|---|---|---|
| 1 | 王子マテリア | 2,662,116 | 92.8% | 23.01% | 23.01% |
| 2 | レンゴー | 1,956,099 | 92.6% | 16.91% | 39.92% |
| 3 | 日本製紙 | 1,500,326 | 94.6% | 12.97% | 52.89% |
| 4 | 大王製紙 | 1,209,254 | 94.0% | 10.45% | 63.34% |
| 5 | 特種東海製紙 | 477,892 | 88.9% | 4.13% | 67.47% |
| 6 | 興亜工業 | 433,619 | 92.7% | 3.75% | 71.22% |
| 7 | 丸三製紙 | 421,281 | 100.6% | 3.64% | 74.86% |
| 8 | 北越コーポレーション | 368,684 | 94.6% | 3.19% | 78.05% |
| 9 | 福山製紙 | 268,378 | 95.3% | 2.32% | 80.37% |
| 10 | 王子製紙 | 256,271 | 77.6% | 2.22% | 82.58% |
| 11 | 愛媛製紙 | 248,659 | 97.2% | 2.15% | 84.73% |
| 12 | 兵庫製紙 | 226,995 | 103.0% | 1.96% | 86.69% |
| 13 | 三洋製紙 | 204,774 | 88.3% | 1.77% | 88.46% |
| 14 | 大津板紙 | 197,931 | 89.0% | 1.71% | 90.17% |
| 15 | 岡山製紙 | 144,280 | 95.7% | 1.25% | 91.42% |
| 16 | 高砂製紙 | 111,576 | 100.1% | 0.96% | 92.39% |
| 17 | 大豊製紙 | 99,986 | 117.1% | 0.86% | 93.25% |
| 18 | エコペーパーJP | 98,841 | 91.6% | 0.85% | 94.10% |
| 19 | O&Cアイボリーボード | 85,642 | 96.6% | 0.74% | 94.84% |
| 20 | ダイオーペーパーテクノ | 75,968 | 99.6% | 0.66% | 95.50% |
| 21 | 富山製紙 | 71,840 | 90.9% | 0.62% | 96.12% |
| 22 | 大阪製紙 | 51,562 | 103.5% | 0.45% | 96.57% |
| 23 | 三菱製紙 | 42,041 | 96.3% | 0.36% | 96.93% |
| 24 | アテナ製紙 | 33,709 | 102.0% | 0.29% | 97.22% |
| 25 | 東栄製紙工業 | 32,762 | 100.0% | 0.28% | 97.51% |
| 26 | 丸井製紙 | 32,558 | 97.6% | 0.28% | 97.79% |
| 27 | 加賀製紙 | 29,073 | 90.6% | 0.25% | 98.04% |
| 28 | 王子エフテックス | 28,457 | 101.0% | 0.25% | 98.28% |
| 29 | 大和板紙 | 28,084 | 89.4% | 0.24% | 98.53% |
| 30 | 川端製紙 | 27,440 | 100.2% | 0.24% | 98.76% |
| 31 | 立山製紙 | 26,742 | 93.5% | 0.23% | 99.00% |
| 32 | 山恭製紙所 | 15,235 | 81.2% | 0.13% | 99.13% |
| 33 | 日本製紙クレシア | 12,883 | 58.1% | 0.11% | 99.24% |
| 34 | 中川製紙 | 12,397 | 100.7% | 0.11% | 99.35% |
| 35 | 富士共和製紙 | 11,334 | 106.3% | 0.10% | 99.44% |
| 36 | 東京製紙 | 7,525 | 94.3% | 0.07% | 99.51% |
| 37 | 日新工業 | 3,237 | 90.7% | 0.03% | 99.54% |
| その他 | | 53,569 | — | — | — |
| 合計 | | 11,569,020 | 93.4% | 100.0% | |

目を浴びている。例えば日本包装技術協会の集計では、プラスチックや金属などを含む全包装材料のなかで紙・板紙が占める割合は出荷数量（重量ベース）で6割強に達している。ここ数年は輸出も好調である。

家庭紙は、手漉（す）き和紙に端を発する分野であり、和紙製造には豊富な水が必要なうえ、原料の調達面などでも有利な地域に自然と同業者が集まり、ローカル色豊かな、いわゆる“産地”が形成された。家庭紙の4大産地は静岡、岐阜、四国、九州地区である。他方、これら産地メーカーに対し、全国的な規模で生産・販売を行う“大手メーカー”“準大手メーカー”と呼ばれるのが日本製紙クレシアや王子ネピア、大王製紙などで、後者にはカミ商事などがある。一般的に、古紙を主原料とする中小の家庭紙工場が内陸部に所在するのに対し、パルプを主原料とする大手の工場は沿岸部にある場合がほとんどである。

## 紙流通業界

# 多機能業種としてユーザーとメーカーを仲介

経産省と総務省が集計した「令和3年経済センサス－活動調査」によると国内には現在、印刷・同関連産業を主な生業としている事業所（従業者4人以上）が9,306ヵ所あり、約23万5,105人が従業員として携わっている。また新聞業や出版業は全国に約3,000事業所と推定され、合わせると紙を日常的に使う需要家が約1万2,000事業所に達する。

一方、国内で流通している紙・板紙は銘柄数約3,000種、これに坪量や寸法、場合によっては色調の違いなどを加味すると標準規格品だけで約15万種に上るといわれている。さらに別規格品や受注生産品を加えれば総計では17万種以上の製品が取引されており、恐らくその数は世界随一だろう。すなわち、128頁にあるように約400社、事業所数にするとおよそ700の紙・板紙製造事業者が17万種の紙・板紙を、1万2,000の需要家に供給している計算になる。だが小口・多品種・即納要求がきわめて高いわが国で、その毎日の配送を製紙メーカーがすべてこなし、さらに代金の請求・回収まで行うというのは、まず不可能に近い。そこで重要になってくるのが紙流通の機能である。紙流通は一次流通である代理店と、二次流通である卸商で主に構成されている。英語では前者をPaper distributer（紙供給者）あるいはPaper agent（紙代理店）、後者をPaper merchant（紙商）と呼んでいるが、日本で広義に「紙商」という場合には代理店も含まれることが多い。また、丸紅など総合商社による取扱いもあるほか、近年はオフィスやSOHO需要をターゲットとしたコピー機などのハードメーカー系サプライ以外に、大手文具事務機器量販店によるネット通販ルートも発達してきている。

代理店とは、あるメーカーとの間で、そのメーカーに代わって同社の製品を販売する契約（権利）を結び、同社の販売窓口としての機能を果たす、いわゆる一次卸のこと。メーカー自らが販売するのに比べ、○物流面を含めたトータルコスト低減につながるほか、○顧客へのキメ細かな対応やマーケット情報の収集など、紙専門商社ならではの機能を得られやすい―ことからスタートしたものだ。

その役割は主に、在庫・配送機能、情報提供機能（商品開発含む）、金融機能の３つ。在庫配送機能は代理店の基本であり、各代理店では大型の倉庫や配送センターを全国主要都市に保有している。情報提供機能は、卸商やユーザーとメーカーを結ぶ仲介役となってリアルタイムな情報をメーカーに提供すると同時に、市場ニーズを反映した商品開発の提案や、ユーザーの相談に乗るなどコンサルティング的な業務も含む。金融機能は取引先が数千社以上と多いことから、約束手形など一時的な立替え業務を指すが、裏返せばこれにともなう与信管理も重要で、取引先が倒産・破産などした場合は売掛金の回収ができなくなるなどのリスクをメーカーの代わりに背負うことにもなる。したがって、代理店はメーカーからすると自社の売上高や収益動向を左右する重要なパートナーとなるため、寄せる期待も大きく、より密接な関係を必要とするはずだが、現実には厳密な意味で１社１代理店制に近い体制を敷いているケースは非常に少ない。ほとんどのメーカーは複数社と代理店契約を結び、また代理店側も複数のメーカーと代理店契約を結んでいるのが一般的である。

だが、そうした構造にも変化の兆しが現れはじめ、近年では代理店同士の合併による業界再編が活発化した。主な代理店だけをみても1999年には12社（順不同；大倉紙パルプ商事、岡本、コミネ、三幸、サンミック千代田、十條商事、大永紙通商、日亜、日昭物産、日本紙パルプ商事、服部紙商事、マンツネ）あったものが、この10数年間で４社（国際紙パルプ商事、新生紙パルプ商事、日本紙通商、日本紙パルプ商事）へと３分の１に減少し、とくに２大メーカーとの結びつきという面では旗色が鮮明になりつつある。また再編の形も国際紙パルプ商事（代理店）と柏井紙業（卸商）のように、代理店と大手卸商による垂直型合併（2007年10月に国際紙パルプ商事として発足）が行われるなど、従来の垣根を越えた新たな形態の再編も起こっている。

## 配送・断裁加工サービスを地元ユーザー相手に提供

卸商は別名「府県商」とも呼ばれ、代理店から仕入れた紙・板紙を主に中小印刷業者や加工業者など地元のユーザーを対象に販売しているのが大きな特徴。したがって小口販売が主体で、ユーザーの要請に応じ断裁加工なども行う。いわば代理店が紙流通の動脈であるなら、卸商は日本全国くまなく商品を届ける毛細血管の役目を果たしているといえる。

機能面は代理店とさほど変わらず、在庫・配送機能に加工機能（断裁加工）が加わる程度で、あとは代理店・メーカーに対するマーケット情報の提供、ならびにユーザーに対する業界情報の発信および企画提案型の営業と、手形取引による金融機能といったところ。ただ、金融面では代理店に比べ企業規模の小さな業者との取引が多いため事業リスクは高く、構造的に中小印刷業界が縮小傾向にあるなか、どのようにして安定した収益を確保していくかが最大のテーマとなっている。

図を見てわかるように、卸商がもつ最大の強みは国内ほぼ全メーカーの紙を自由に取り扱うことができるところ。例えば図だと取引状況を表した線は、メーカー・代理店間よりも代理店・卸商間の方が数多く、より複雑に張りめぐらされている。つまり、複数メーカーと契約を結んでいる代理店（例えばA、B、C代理店）といえども限界があり、図ではD製紙の製品を扱えるのはD代理店のみ。だが、卸商をみると、もっとも取引経路が少ないD卸商でも、C代理店と取引することでA製紙、B製紙、C製紙の紙を取り扱うことができ、すべての製品が扱える格好となっている。

そういう意味でユーザーにとって代理店が特定メーカーの専門販売店で

図．紙の基本的な流通経路

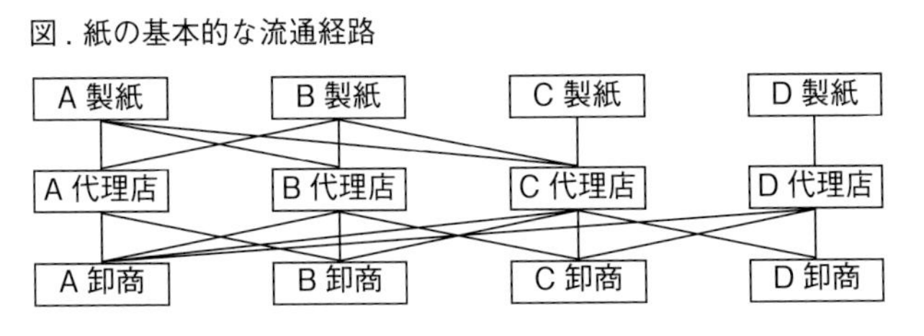


あるとするならば、卸商はバラエティに富んだ商品をいつでもすぐ購入でき、キメ細かなサービス（小口、断裁加工、小巻、即日、遠距離配送など）を受けられるコンビニエンスストアと表現できるかもしれない。

## 貿易のプロである商社――国内外情勢や時勢をとらえ商機に

一方、商社は貿易のプロフェッショナルとして、国内外情勢に絡めながら紙パ関連商材を効率的に売買するのが特徴。パルプの輸入に始まり、その後、国内製紙メーカーの要望に応える形で木材チップの輸入へとビジネスを拡大。今日では大手製紙会社が手がける海外植林事業にも資本参加している。紙については国内品の販売もあるが、やはり輸入紙の販売で特色を発揮。調達ソースも、当初の欧米から近年はアジアへと拡大している。板紙では、木箱から段ボール箱へと包装革命が進行した1960年代、商社が相次いで板紙ビジネスに参入しメーカーに資本参加するなど積極展開した時期もあったが、今も残っていて確実にリターンを得ているのは丸紅（興亜工業、福山製紙）ぐらいしかなく、大半が経営からは撤退して、純然たる商取引が主となっている。

また、「オフィスサプライ」は複写機で使用するコピー用紙（PPC用紙）などを専門に供給・販売するサプライヤーのことで、ハードメーカー系の流通企業が主体。だが近年は「アスクル」「たのめーる」「カウネット」「モノタロウ」といった事務文具通販の台頭でハード系企業のシェア縮小が進行しつつある。この台頭は卸商ビジネスにも少なからず影響を及ぼしており、家庭用プリンターの普及率拡大もその勢力伸長に寄与している。

## 原料古紙業界

# リサイクル社会を支える静脈産業

古紙は、わが国で使われる製紙原料の3分の2を占めている。そして前項の紙流通が業界の"動脈産業"だとすれば、さまざま場所で発生した古紙を回収して用途に応じて選別・加工・梱包し、製紙メーカーへ納める製紙原料業界は"静脈産業"と表現することができ、ともに経済や社会を円滑に循環させるうえで不可欠の役割を果たしている。

日本の古紙利用率は、2023年実績で67%と世界平均の推定58%を大きく上回っており、世界に冠たる古紙利用の先進国として認知されている。その背景にはもちろん製紙メーカーによる古紙処理技術の向上や利用拡大

図1. 発生源による古紙の分類

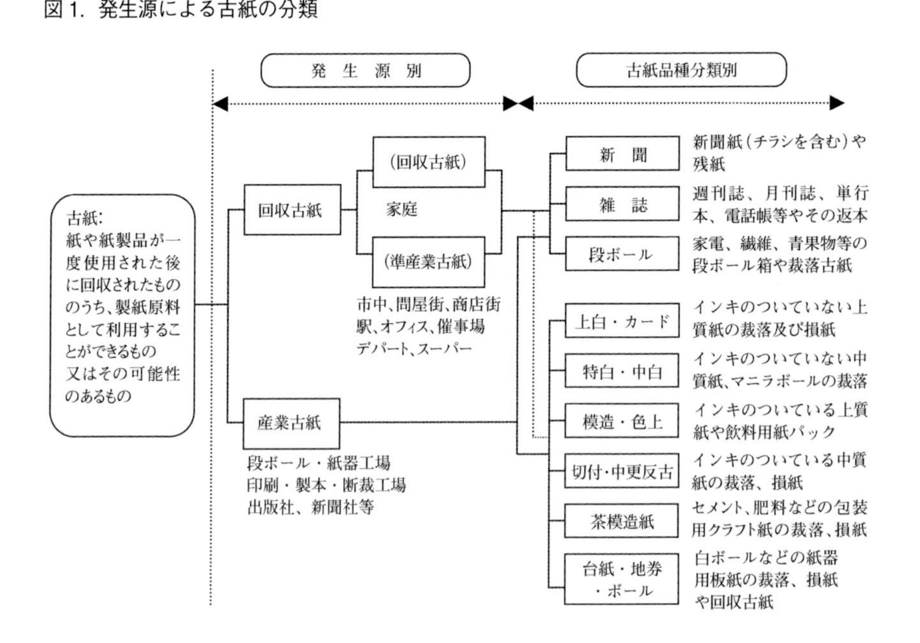

の努力があるわけだが、それは同時に国民の間で定着している“もったいない”精神、そして製紙原料業界の優れた回収・選別機能と古紙品質の高さによって支えられてきたものだという事実を押さえておきたい。

古紙は、その発生源によって産業古紙と回収古紙に大別される。そして、それぞれの発生源ごとに集まる古紙の種類も変わってくる（図1)。

「産業古紙」は印刷工場、新聞社、製箱工場など紙を大量に扱う事業所から出る古紙の総称で、紙や板紙の裁ち落とし部分、損紙（印刷不良品など)、残紙（売れ残りの新聞など）など。一方、「回収古紙」は一般家庭、デパート、スーパーなどで一度使われた使用済みの紙を指す。このうちデパート、スーパーなどから大量に出る段ボールの空き箱などを、“準”産業古紙と呼ぶ場合もある。また家庭から発生する古紙は主として、町内会・自治会などの集団回収や専門の集荷業者を通じて回収されるほか、新聞販売店が行う回収や地方自治体が直接回収する方法もある。

図２は、わが国における古紙の基本的な回収・流通経路を示している。一番左が古紙の発生源で「一般家庭」をはじめ、おもに繁華街などを指す「市中」、商店街やオフィスビル、駅などの「小規模発生地」、段ボール・紙器工場や印刷・製本工場、出版社、新聞社、デパート、スーパーといった大量の古紙が排出される「大規模発生地」など、その発生する場所や量の多少などによって分けることができる。

その次にくるものが、このように多種多様な場所から発生した古紙の流

図 2. 古紙の主な回収・流通経路

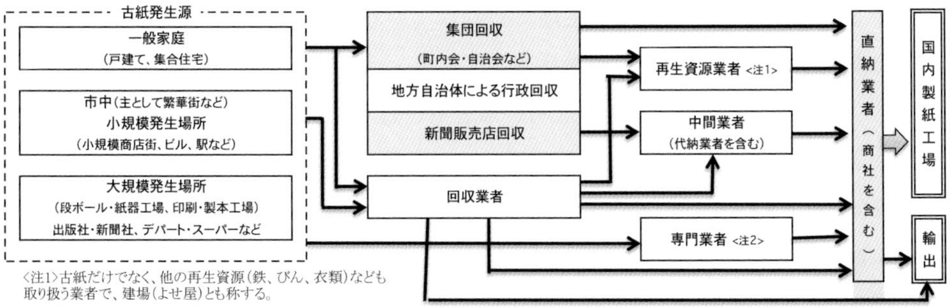

〈注1〉古紙だけでなく、他の再生資源（鉄、びん、衣類）なども取り扱う業者で、建場（よせ屋）とも称する。

〈注2〉大量かつ均一な品質の古紙が発生する紙加工工場などのような場所からの回収を行う業者で、坪上業者ともいう。

通経路で、例えば家庭から発生する古紙については、現在「集団回収」や「行政回収」などによるリサイクルが主流になっているほか、古新聞などは「新聞販売店回収」によって回収されるケースもある。

それぞれの方式について説明すると、まず「集団回収」は町内会や学校などの単位で、各団体が自発的に活動しているもの。それに対し「行政回収」は、地方自治体が各種廃棄物のうち容積比でもっとも高いウエイトを占めるとされる紙ゴミ削減のため、特定の日時を定めて指定業者などの専用トラックを使って集積場所から回収する行政主導型のもの。また「新聞販売店回収」は新聞販売店が新聞の定期購読者を対象に、あらかじめ梱包用のクラフト紙袋などを配布しておき、定期的（毎月1回など）に回収する方式だ。

一方、事業所のオフィスでは、コピー機などの普及によって紙ゴミの排出量が増加するのを抑制するため、古紙として分別回収する方向でさまざまな取組みが行われている。具体的には企業同士でグループを作って効率的な回収ルートを工夫したり、地元の商工会議所が事務局として旗振り役となり、地域ぐるみで紙リサイクルに参加するといった活動が行われている。

これらの回収方法は、古紙リサイクルに対する世間の関心が高まった1990年代以降に定着したもので、それまでは例えば家庭からの回収であれば、いわゆる“ちり紙交換”が担っていた。それが一般市民レベルでの環境意識の高まりや行政回収の定着など時代の変化に直面するなか、効率の悪さから徐々に姿を消し、今ではごく一部でみられる程度になっている。

一方、「回収業者」や「中間業者」「専門業者」（坪上業者）によって、市中または大規模・小規模発生地で行われている回収作業は、近代製紙産業に対応した回収システムが構築されて以来、今なお続いているものだ。引取先（発生源）の違いなどにより、もともとは独立系の業者が多かったが、現在では次に説明する「直納業者」がこれらの役割を兼ねているケースも多く、その反対に「中間業者」のなかには直納業者に代わって製紙メーカーへ納入しているところもある。

おおむね以上のようにして回収された古紙は一度、「建場（寄場）」や「中間業者（代納業者含む）」の施設に蓄積され、最終的にヤードと呼ばれる「直納業者」（製紙工場へ直接、古紙を納める資格をもつ業者）の集積場に集められて、選別・圧縮・梱包の工程を経てから各地の製紙工場へ納入される。ただし、その変則ルートとして、総合商社や紙専門商社が直納業者の役割を果たす場合もあり、これらの商社は貿易実務についての豊富な知見を生かし、古紙輸出業務のプロバイダー役も担っている。

## 回収量は減少も海外からの引き合いは活発

「直納業者」の役割としては、まず回収された多くの古紙をストックしておくためのヤード機能、すなわち<在庫機能>と、メーカーが必要とする製紙原料としての品質へ近づけるため古紙の種類ごとに分類や選別作業を行ってから、ベーラーと呼ばれるプレス機械で約1tのキューブ状に結束・梱包する<選別・加工機能>、そしてそれらの古紙を最終的にメーカーへ運び入れる<配送機能>と、おもに3つがあげられる。

こうした直納業者は現在、「全国製紙原料商工組合連合会」に加盟している企業数で17組合693社（2022年7月現在）あり、業界の古紙処理能力は最大で年間約2,400万t前後と推定される。

ただ今後は、国内の人口減などにともなう紙・板紙需要の縮減によって古紙の発生量も漸減すると見込まれている。現にリーマン・ショック後の2年間で大きく減少した古紙の回収量は、10余年を経ても元のレベルに戻らず、2020年以降は新型コロナウイルスの感染拡大でさらなる減少局面に入っている。対照的に、アジア地域では製紙産業の勃興につれて古紙需要が増大しており、欧米など先進地域からの古紙輸出も拡大している。なかでも日本の古紙に対する引き合いが増えているのは、わが国の優れた回収システムから生み出される“J-BRAND”古紙の品質の高さを、海外のバイヤーやメーカーが評価しているからにほかならない。

## 機械・資材・薬品業界

# 紙パ製造・工場操業技術を継続的に進化

紙パルプ産業を支える機械・資材・薬品サプライヤーは、顧客の要求や市場動向に合わせて継続的に技術を進化させ、品質や生産性の向上、環境負荷低減に大きく貢献している。製紙機械に関しては、パルプ・古紙処理、抄紙、仕上、加工など分野ごとに異なるメーカーが専門技術を提供、また他産業にも共通する動力、自動化・計測制御、試験分析、環境、ユーティリティ等は汎用技術が用いられるが、紙パに特化した装置も一部ある。近年はM&Aによってサプライヤーが集約され、世界的大手は上記分野を網羅したトータルサプライヤーとして君臨。国内では大きな設備投資が期待しにくいなか、各社は消耗品・メンテナンスサービス、リモート技術を含めた自動化、省人・省力化技術を盛んに提案している。

以下、主要工程別に代表的なサプライヤーを紹介する。

**パルプ製造機器**　機械パルプ、化学パルプによって設備内容は異なるが、サプライヤーはいずれにも対応しているといってよく、世界的メーカーにはアンドリッツ（オーストリア）、バルメット（フィンランド）などがある。このうちバルメットは、前身であるメッツォ時代にアカー・クヴァナ（ノルウェー）からパルプ設備部門を取得。その後メッツォから紙パ機械とパワー事業が分社化し、2014年に現在のバルメットとなった。なおメッツォの母体は旧バルメットであり、現バルメットは旧社の知名度やステイタスを継承しつつ再スタートした格好になる。ちなみに、分社当時メッツォに残っていたプロセスオートメーション事業は14年にバルメットに譲渡され、最近ではフローコントロール（バルブやアクチュエーター等）で知られるネレスや、家庭紙関連設備のケルバー・ティシュー（旧ファビオ・ペリーニ）も合流した。

**古紙処理設備**　離解・洗浄・除塵・分散・脱墨などの装置があり、各製紙工場の使用古紙や製造品種など考慮して装置を組み合わせ、最適なラインが構築される。近年は省エネや環境負荷低減、省力化がコストとともに重要な要素となっているほか、古紙品質低下への対応技術も盛んに提案されている。世界最高水準のわが国古紙リサイクル技術を支える国内古紙処理機器メーカーは高い技術力を蓄積し、相川鉄工はじめ静岡・四国地域に多く存在する専門機器メーカーは国内外の多様なニーズに対応。IHIとフォイトペーパー（ドイツ）の合弁・IHIフォイトペーパーテクノロジー（以下、IHIフォイト）や、バルメット、アンドリッツなど外資系も参入している。なお、相川鉄工は古紙処理で培った技術の応用展開にも注力。テスト設備を稼働してCNF関連の市場開拓を進めているほか、昨年、東洋インキ（現artience）、萩原工業とプラスチックリサイクルシステム確立を目的とする共同開発契約を締結した。

**抄紙機**　ヘッドボックスからドライパートに至る多様な機器の集合体で、海外ではこれらすべてが同一メーカー製の「コンプリートマシン」導入が一般的。日本ではきめ細かな品質要求に対応するため、工程ごとに異なるサプライヤーの設備を調達する場合が多かったが、そうした傾向は薄れつつある。世界的にはバルメット、フォイト、アンドリッツが知られ、日本ではそれぞれバルメット㈱、IHIフォイト、アンドリッツ㈱とともに事業を展開している。なお、国内ではかつてバルメット（当時は住友重機械工業と提携）、フォイト、三菱重工業が業界を牽引してきたが、07年に三菱重工がバルメット（当時メッツォ）に製紙機械事業を譲渡し撤退。その後もM&Aが進み、例えばバルメットとアンドリッツはそれぞれ世界的製紙機械サプライヤー・GLV社の事業を譲受、フォイトも19年に家庭紙設備のトスコテック社を傘下に収めるなど業容を強化している。

他方、古くから存在感を示してきた国内メーカーもあり、とくに板紙マシンの小林製作所（静岡）や家庭紙マシンの川之江造機（愛媛）は国内外で高い支持と信頼を獲得。小林は外山造船や鈴木製技など中堅サプライヤーの技術や事業を吸収しながら基盤を強化してきたほか、フィルムや新素材などの産業機械分野でも実績を上げ、21年末には中国に「上海小林機械貿易有限公司」を設立した。また川之江は自社開発技術に加え、提携先のバルメット製家庭紙マシンを日本を含むアジア地域で展開。さらに溶射などで知られるトーカロを加えた3社による「アドバンテージ・ヤンキーサービス・パッケージ」の提供や、ロールメンテナンス等に特化した三島新工場の新設、家庭紙用加工設備のテスト装置常設、紙パ大手や大学と連携したCNF連続シート製造装置開発などを通じ事業基盤を拡充している。

**抄紙用具**　抄紙ライン上で紙の走行を補助するとともに、品質向上や省エネなどに大きく貢献する消耗資材で、マシンの高速・広幅化のほか、最近は操業効率向上の観点から重要度を増している。ワイヤー、フェルト、カンバスが3大抄紙用具と呼ばれ、代表的な国内メーカーには日本フイルコン、イチカワ、日本フエルト、敷島カンバス、大和紡績、日本キャンバスなど、海外サプライヤーとしてはアンドリッツ（用具メーカーのハイク、ワグナーを取得し、アンドリッツ・ファブリック＆ロールとした）、アルバニー・インターナショナルなどがあり、前出のフォイト、バルメットもそれぞれ抄紙用具部門を有している。

**仕上・加工機器**　代表的な設備であるコーター（塗工紙製造で使用）は、マシンメーカーにより供給される場合が多く、海外勢ではバルメット、フォイト、国内サプライヤーではとくにIHIフォイトの技術が世界的にも高い評価を受けている。また特殊塗工や中・小型機でも国内メーカーが活躍しているほか、コーター以外にはカッター、スリッターおよび包装機、多種多様な二次加工用装置が使われ、それぞれを得意分野とし成果をあげている中堅・中小規模のサプライヤーが多数存在する。

**製紙用薬品**　紙に対する特性・機能付与・強化・改質、操業性向上などを目的としたさまざまな薬品が使用され、代表的なものには、サイズ剤、紙力増強剤、歩留向上剤、ピッチコントロール剤、スライムコントロール剤、消泡剤、洗浄剤、填料・顔料、染料などがある。これらは生産品種や設備特性などを踏まえて客先ごとに処方されることも多く、サプライヤーは薬品添加の最適化も含めた提案を行っている。

サプライヤーには製紙向けを主力とする専業メーカー、総合化学メーカー、海外メーカーの薬品を扱う商社系などがあり、サイズ剤や紙力増強剤では、荒川化学工業、ハリマ化成グループ、星光PMCが知られる。いずれも近年は海外展開や新規事業開拓に注力、荒川は原料となるロジンの産地・中国での製販体制最適化を継続的に進めているほか、ベトナムに紙力剤の製造拠点を設置。製紙以外では電子材料分野向けのファインケミカル事業も拡充させている。星光も荒川化学とほぼ同時期にベトナム現地法人を立ち上げたほか、カニやエビなどの外殻などから得られるキチンナノファイバーを製造するマリンナノファイバーを買収し、従来から手掛けるCNF（セルロースナノファイバー）と併せてナノファイバー技術をコアとした更なる事業ポートフォリオ拡大を目指している。なお、同社は今年1月、投資会社である米国カーライルグループ傘下のインビジブルホールディングスの子会社となった。ハリマは米国化学大手モメンティブ社から取得したロジン関連事業を子会社のローター社を通じて展開。さらにローター社が出資するサンパイン社（スウェーデン）は粗トール油から分離したロジン成分の有効活用や、リグニンオイルを活用したインキ用樹脂の開発で成果を挙げている。また、先ごろ中国合弁の杭州杭化哈利瑪化工有限公司について株式を買い増し100％子会社とした。国内では加古川製造所におけるナノ粒子分散液および同分散液とバインダーを組み合わせた機能性コート剤の生産増強、香料原料製造設備の新設、さらにはヘンケル社のはんだ材料事業を取得するなど事業基盤を拡充している。

## 関係官庁、業界団体

# 所管は経産省、紙パ関連団体も多数が活動

中国大陸から紙の製法が伝来したのは7世紀とされるが、わが国はそこに独自の工夫を加えて品質のよい紙、つまりユネスコの文化遺産にも登録された「和紙（手すき和紙）」をつくるようになり、政治や文化の重要な場面で使用してきた。ただし当時としては大変に貴重なもので供給量も少なかったから、利用者は僧侶や貴族、官僚などの特権層に限られていた。

明治時代に入って近代的な紙の製法が欧米から導入されると、その技術を使って紙類の製造が始まる。最初はボール紙やザラ紙など灰色っぽい低品質の紙だったが、手すき和紙と違って機械で大量に生産できるところから、広く経済・社会活動や生活に必要な素材として浸透し、製紙は国の基幹産業として重要な役割を担っていく。

そして現在ではモノづくりにこだわる我が国ならではの優れた技術を駆使して高品質な製品を供給し、世界第3位の市場を形成している（1位は中国、2位は米国）。なお製紙産業は製造業なので、国の機関としては**経済産業省**が所轄官庁。そのなかの**製造産業局 素材産業課**（☎ 03-3501-1737）が担当部署である。製紙産業は数多くのユーザーによって支えられており、木材を源とする原料の「サプライヤー」、原料から製品に仕上げる「製紙・加工メーカー」、製品をユーザーに流通させる代理店や卸商といった「流通業者」などから成り立っている。

製紙の原料は古紙と木材パルプがほとんどで、その使われ方の比率はおよそ2:1である。紙・板紙製品として一度以上使われたものを回収した「古紙」原料が3分の2以上を占める。木材パルプは一般に、木材をチップ状

に細かく砕いたものを薬品などでほぐし繊維分を取り出して製造するが、大手のメーカーが自ら作るケースが多い。つまり、製紙メーカーが原料パルプのメーカーにもなっている。

その製紙・パルプメーカーの業界団体として**日本製紙連合会**（＝製紙連。☎ 03-3248-4801）がある。製紙連はわが国の紙・板紙、それにパルプ製造業の健全な発展を図ることを目的に設立された日本を代表する紙・パルプ団体。2022年に創立50周年を迎えた。持株会社を含むメーカー31社の正会員と43社の賛助会員、紙関連の6団体が加入している（2022年5月時点）。

もう一方の原料である古紙は、回収された紙類を集めて選別・加工・梱包し製紙メーカーに納入する業者（＝古紙直納業者、または単に古紙業者ともいう）が集まって、**全国製紙原料商工組合連合会**（＝全原連。☎ 03-3833-4105）が組織されている。全原連には北海道から九州まで全国に17の地域組合があり、693社が加盟。また古紙の回収・再生利用を促進する団体に公益財団法人の**古紙再生促進センター**（＝古紙センター。☎ 3-3537-6822）がある。その活動目的は「古紙の回収・利用を図ることにより、生活環境の美化、紙類の安定的供給の確保と森林資源の愛護に資すること」。製紙メーカーや古紙業者などと、一般企業や自治体、消費者とをつなぐ役割を果たしている。

このほか製紙産業と関わりの深い団体は数多くあるが、例えば東京・銀座の「紙パルプ会館」には、前出・製紙連のほか**全国段ボール工業組合連合会**（＝全段連。☎ 03-3248-4851）、**日本板紙組合連合会**（☎ 03-3248-4846）、**日本紙類輸出組合／輸入組合**（☎ 03-3248-4831）、**機械すき和紙連合会**（☎ 03-3248-4861）、**紙パルプ技術協会**（☎ 03-3248-4841）など多くの紙関連団体が入居している。さらに紙流通の全国団体としては**日本紙商団体連合会**（☎ 03-3669-5171）を筆頭に**日本洋紙代理店会連合会**（☎ 03-6661-1301）、**日本板紙代理店会連合会**（☎ 03-6661-7411）、また紙卸商の全国団体として**日本洋紙板紙卸商業組合**（＝日紙商。☎ 03-3808-0971）が東京・日本橋浜町の「紙商健保会館」内にある。

## 紙の用途とユーザー業界 — 総論

# われわれ１人ひとりが最大の紙ユーザーだ

2020年に突如、世界を襲った新型コロナウイルス感染症のパンデミックは、紙パ産業にも大きな影響を及ぼした。外出自粛や在宅勤務の拡大で個人消費が落ち込み、景気の低迷で収益の悪化した大口ユーザーや有力な顧客が使用する紙の数量を減らすようになったからだ。例えば紙の大口ユーザーの代表である新聞社も、“新聞離れ”による購読部数と広告収入の減少で苦しい経営を強いられている。

この事情は印刷など他のユーザーも大同小異だ。しかし、その一方で巣ごもり生活の長期化は通販・宅配に使われるパッケージング用紙（段ボール原紙など）の需要を伸ばし、衛生意識の高まりからタオルペーパーなどの消費を押し上げた。紙は生活や産業のあらゆるシーンで使われるので、社会で何か大きな出来事が起きると、それによりマイナスの影響を受ける品種とプラスの影響を受ける品種が必ず出てくる。

紙の用途とユーザーを手っ取り早く知るには、本書186〜189頁にある「紙・板紙の品種分類」を見ればよい。そこには『紙』として「新聞巻取紙」「印刷・情報用紙」「包装用紙」「衛生用紙」「雑種紙」があり、『板紙』としては「段ボール原紙」「紙器用板紙」「建材原紙」「紙管原紙」「その他板紙」に分かれている。

新聞巻取紙がどこで使われるかといえば、もちろん新聞社（の印刷工場）である。新聞巻取紙の国内需要は、『紙』全体の16％を占める。新聞には朝日・読売・日経などの大手紙もあれば、フリーペーパーやタウン誌などのミニ媒体もあるが、いずれにしろ新聞巻取紙の大手ユーザーは新聞社であり、新聞社は紙全体からみても大きなユーザー（お得意先）だ。また統計上、「印刷・情報用紙」のなかに分類される「印刷用紙」、つまり各種の印刷を主目的とした用紙の国内向け需要は約 415 万 t（23 年）で、『紙』全体の 40％という最大のボリュームを占めている。これらの紙にさまざまな印刷加工を施して製品とする印刷事業者も、紙の大口ユーザーだ。

印刷物を発注する事業者として、書籍・雑誌を発行する出版業界も紙の大手ユーザーと位置づけられる。“紙の本離れ”がいわれて久しいが、それでも 23 年は 4.6 億冊の書籍と 6.7 億部もの雑誌が販売され、ここでも大量の紙が使われている。

一方、板紙の方に目を転じると、段ボール原紙を貼り合わせて作る段ボールの 2023 年生産量は約 142 億 $m^2$（段ボールは重さではなく、面積で取引される）で、部門別の消費量をみると、もっとも多く使うのは「食料品」関連業界であり、全体の 55％を占める。そのなかでも菓子・レトルト・インスタント食品などの「加工食品」向けが 40％と最大の需要分野である。また農業や漁業関連でも、輸送用に段ボール箱を多く使用するところから、農協や漁協をはじめとした関連団体は段ボールの大口ユーザーである。

しかし何といっても紙の最大ユーザーは、日本で生活する 1 人ひとりだ。22 年のわが国人口 1 人当たり紙・板紙消費量は約 184kg であり、体重 60kg の成人男子に換算すれば約 3 人分の重さとなる。いかに紙・板紙が生活の隅々のシーンまで浸透しているかがわかるだろう。

さらに今では企業や団体のほか、一般家庭にも普及しているカラープリンターやコピー機、ファクシミリなどの情報機器類には、出力用としての紙が欠かせない。このほか、身辺を見回せば至るところで紙が使われていることに気づくし、ノートや封筒、ティシュやトイレットペーパー、段ボールや紙箱といった目につきやすいものから、工業用フィルターや電気の絶縁用、建材用など普段は目に見えにくい多くの場面に至るまで紙・板紙が活躍している。

## 新　聞

# 夕刊紙やスポーツ紙単体の減少が加速

全国の新聞社96社などが加盟する日本新聞協会の調査によると、日本では現在、110誌の日刊新聞が発行されており、2023年10月時点の総発行部数は3,305万部で19年連続のマイナス、10年前の13年との比較では4割以上減少した。人口1,000人当たりの部数も、13年の469部から23年は270部と200部近く減少している（表1）。

以上の実績は朝夕刊のセット紙を2部として計算したものだが、これを1部として計算し、種類別・発行形態別にまとめたのが表2。前年比は7.3%減で、減少幅は過去最大となった3年前の7.2%減に比べると拡大し、さらに3,000万部の大台を割った。なお、部数は前年から225万部減少している。種類別では、2023年と13年の対比でみると「一般紙」の減少率は38.1%減、さらに「スポーツ紙」は5割近く（50.5%）の減少と大幅なマイナスとなり、減少幅は共に前年よりも拡大した。

発行形態別では朝夕刊単独の減少が拡大しているが、とくに夕刊単独部数の減少幅が大きい。13年の105万部は、23年に45万部（56.9%減）と5割以上に拡大した。しかし、より深刻なのは朝夕刊を合わせたセット部数の減少で、2012年に1,300万部近くあったセット部数も13年には1,200万部に割り込み、23年に500万部を割って445万部まで減少した。こうしたセッ

表1．新聞の発行部数と普及度

（単位：千部）

| 年 | 発行部数 | 人口千人当たり部数 | 日刊紙数 |
|---|---|---|---|
| 2013 | 59,396 | 469 | 117 |
| 2014 | 56,719 | 448 | 117 |
| 2015 | 55,121 | 436 | 117 |
| 2016 | 53,690 | 426 | 117 |
| 2017 | 51,829 | 412 | 117 |
| 2018 | 48,927 | 390 | 117 |
| 2019 | 46,233 | 370 | 116 |
| 2020 | 42,345 | 340 | 116 |
| 2021 | 39,512 | 319 | 113 |
| 2022 | 36,775 | 298 | 112 |
| 2023 | 33,047 | 270 | 110 |
| 23/13 | 55.6% | 57.6% | 94.0% |

注）セット紙を2部として計算。
資料：各年10月、日本新聞協会経営業務部調べ

ト割れ現象が新聞社の経営を圧迫し、夕刊紙の発行を見送る新聞社も出ている。

新聞の総売上高は2022年度で1兆3,270億円。10年前の12年度と比べると3割減、金額にして6,000億円近くのマイナスとなる。同じく12年度比で2大収入源である「販売」と「広告」を見ると、前者は12年度比42.5%減、後者は同42.2%減と共に大きく落ち込んでいる。広告収入の減少は、急伸するインターネット広告などの影響が大きいが、広告掲載量は13年の533万段に対して23年は403万段（24.4%減）で金額ほどは減ってはいない。新聞広告掲載率は、13年の33.7%に対し、23年は29%と年々減少している。

かつてはどの世帯でも当たり前のように定期購読されていた新聞だが、近年はスマートフォンやパソコンなどのデジタル端末を使用し、インターネット上の無料情報を活用するスタイルが幅広い世代での定着が進む。そのため、新聞は紙版のみならず、デジタル有料版に対しても心理的ハードルが高くなっている。

他方、新聞印刷に使われる用紙は坪量（1m²当たりのグラム数）によって重量紙<H>＝52g、普通紙<S>＝49g、軽量紙<L>＝46g、超軽量紙<SL>＝43g、超々軽量紙<XL>＝40gの5種類があり、主流はSL紙で、2023年の国内生産ベースでは全体の52.7%を占めるが、近年はXL紙のシェアが徐々に増している。なお、23年の新聞用紙の国内生産は前年比10.1%減の166万6,500tで、21年に200万tを割り込んで以降は減少が進んでいる。

表2. 新聞の発行部数と世帯数の推移　（単位：千部、千世帯）

| 年 | 合計 | 種類別 | | 発行形態別 | | | 世帯数 | 1世帯当たり部数 |
|---|---|---|---|---|---|---|---|---|
| | | 一般紙 | スポーツ紙 | セット部数 | 朝刊単独部数 | 夕刊単独部数 | | |
| 2013 | 46,999 | 43,126 | 3,873 | 12,397 | 33,552 | 1,051 | 54,595 | 0.86 |
| 2014 | 45,363 | 41,687 | 3,676 | 11,356 | 32,980 | 1,027 | 54,952 | 0.83 |
| 2015 | 44,247 | 40,692 | 3,555 | 10,874 | 32,366 | 1,007 | 55,364 | 0.80 |
| 2016 | 43,276 | 39,821 | 3,455 | 10,413 | 31,889 | 973 | 55,812 | 0.78 |
| 2017 | 42,128 | 38,764 | 3,365 | 9,701 | 31,488 | 940 | 56,222 | 0.75 |
| 2018 | 39,902 | 36,823 | 3,079 | 9,025 | 29,994 | 883 | 56,614 | 0.70 |
| 2019 | 37,811 | 34,878 | 2,933 | 8,422 | 28,544 | 835 | 56,997 | 0.66 |
| 2020 | 35,092 | 32,455 | 2,637 | 7,253 | 27,064 | 755 | 57,381 | 0.61 |
| 2021 | 33,027 | 30,657 | 2,370 | 6,485 | 25,914 | 628 | 57,849 | 0.57 |
| 2022 | 30,847 | 28,695 | 2,152 | 5,928 | 24,400 | 518 | 58,227 | 0.53 |
| 2023 | 28,590 | 26,674 | 1,916 | 4,456 | 23,682 | 453 | 58,493 | 0.49 |
| 23/13 | 60.8% | 61.9% | 49.5% | 35.9% | 70.6% | 43.1% | 107.1% | 57.0% |

注1）発行部数は朝夕刊セットを1部として計算。注2）セット紙を朝・夕刊別に数えた場合は3,305万部（2023年10月現在）。
資料：各年10月、日本新聞協会経営業務部調べ。ただし世帯数は総務省「住民基本台帳」による（13年までは3月31日、14年から1月1日現在）。

## 出　版

# 雑誌の落ち込み、底が見えず

全国の出版社数は2,907社（日販 ストアソリューション課『出版物販売額の実態2023』より）で、売上げシェアでは上位30社で全体の5割強を占め、さらに上位200社で全体の8割以上に及ぶといわれる。一般的に全国規模で配本がなされているのは、出版社数の8割近くが集中する東京の出版社の刊行物である。一方、地方には地元新聞社系出版局があるものの、その刊行物の取扱いは全国の大手書店などに限られている。

近年、出版市場では極度の販売不振から、著名な出版社の倒産や老舗雑誌の休刊などが頻発している。その要因には、国内の少子高齢化や個人消費の低迷に加え、急速に普及したスマートフォンなどのデジタルメディアに接する時間の増加により、雑誌・書籍ともに「購読する習慣が失われつつある」ことが挙げられる。加えて、映像メディアに絡んだタイトルがある一定期間に集中して売れることで飽きられやすくなり、流通サイクルが早まってメガヒットが生まれにくくなっていることも、出版市場の縮小化の一因とみられる。また、コミックを中心に年々存在感を増す電子出版については、出版市場全体を牽引する好調な分野として期待が高まっている反面、紙業界にとっては出版用紙の需要を減らすことから、大きな不安材料となっている。

2023年の出版市場は、紙と電子の合算で前年比2.1％減の1兆5963億円で、2年連続のマイナスとなった。電子出版の市場規模は6.7％増で5351億円とプラスを維持したものの、伸び率の鈍化が目立つ。

このうち紙（書籍＋雑誌）の出版市場は6.0％減の1兆612億円で、書籍は4.7％減の6,194億円、雑誌は7.9％減の4,418億円となった。雑誌の落ち込みが激しい。月刊誌は前年比7.2%増3728億円だったが、週刊誌は、11.3%減の690億円であった。週刊誌の二桁台の落ち込みは5年ぶりである。コロナが5類に移行した2023年は、出版不況にも少し歯止めがかかるのではないかと思われたが、その後の急激な円安による物価高で消費は回復どころかマイナス。原燃料費高騰のためやむをえず、出版業界も値上げに踏み切った。

2023年は、雑誌とりわけ週刊誌の落ち込みが目立ったが、「週刊朝日「週刊ザテレビジョン」「Popteen」などの老舗週刊誌の休刊が相次いだ。雑誌の減少は電子においても顕著で、8.0%減の81億円、サブスクサービスのｄマガジンの会員数も減少している。

書籍は文芸書が1%増。23年は旅行関連の刊行が戻り、24年2月は前年同月の4倍となった。

コミックスは、「呪術廻戦」が累計9000万部、、「SPY × FAMILY」もアニメ第二期と映画公開などもあり累計3400万部と好調だが、22年の規模には及ばなかった。

近年における書籍市場の傾向は、100万部以上のミリオンセラーに至る単行本はみられなくなり、売れ行き良好書の部数全体のレベルが低くなっている。

ハードカバー（上製本）のヒット作の減少は、表紙や見返し部分に使用する高級ファンシー紙をはじめ、本文用紙の「上質紙」の需要の低下を招き、これを主力製品とする製紙メーカーに深刻な影響を及ぼしている。さらに、女性週刊誌やビジュアル誌には主に「塗工紙」、コミック誌のカラーページや総合週刊誌には「中質紙」が使用されているが、出版業界全体の発行部数減少は製紙メーカーや代理店の売上減にもつながっている。

なお、業界“再編”の動きは取次も同様だ。日販とトーハンは、25年にもコンビニからの雑誌配送から撤退することを表明している。取引条件の見直しや雑誌買い切り施策の拡大なども検討されている。

## 印　刷

# 1 事業所平均の出荷額は 3 億 5,000 万円

印刷は地域経済に根ざした地場産業としての性格を色濃くもつ。それは事業所数の多さとして現れ、多くの都道府県で「オフセット印刷業」が上位に名を連ねている。身近な産業だが、地域経済の浮沈に左右されるところが大きいのは、地場産業ゆえの宿命でもある。印刷産業は全体の 98%程度が従業員 100 人未満の中小企業であり、さらにその半数以上は 3 人以下の小規模事業所とされ、規模で 100 人以上の大企業は 2%にすぎないが、出荷額では 40%強のシェアを占めるといわれる。

令和 3 年「経済センサス - 活動調査結果」によると、全事業所を対象とした印刷・同関連産業の 2020 年は出荷額が 4 兆 6,630 億円、事業所数が 1 万 3,335 ヵ所、従業者数が 24 万 3,527 人で、付加価値額は 2 兆 1,290 億 7,200 万円となっている（表 1）。1 事業所平均の出荷額は 3 億 5,000 万円、1 人当たりの出荷額は 1,915 万円である。

一口に「印刷産業」といってもさまざまな業態がある。業種別の内訳を表 2 に示した。通常、「印刷」と聞いて、われわれが思い浮かべるのは「紙に対するオフセット印刷」だろうが、現に印刷産業全体の 6 割以上（事業所数で 64%、出荷金額で 66%）をこの業態が占めている。

表 1. 経済センサス活動調査にみる印刷産業

| 年　次 | 事業所数（ヵ所） | 従業者数（人） | 製造品出荷額等（百万円） | 付加価値額（百万円） | 1 事業所平均出荷額（百万円） | 1 人当たり出荷額（万円） |
|---|---|---|---|---|---|---|
| 2020 年 | 13,335 | 243,527 | 4,663,047 | 2,143,350 | 350 | 1,915 |

（資料；令和 3 年経済センサス活動調査（以下同））

1事業所当たりの出荷額は3億6,300万円で、印刷産業全体の平均値を上回っている。

さらに経済センサス－活動調査の中で産出事業所数がもっとも多いのは、この「紙に対するオフセット印刷」であり、総数は8,414事業所に上る（2021年）。第2位の「その他の製缶板金製品」が3,873事業所だから、オフセット印刷業がいかに全国各地に根を張っているか理解できる。また都道府県別の産出事業所では、1位が東京、2位が大阪、3位が愛知となっており、印刷需要の多い都市型の産業であることがわかる。

次いで事業所数が多いのは「紙以外のものに対する印刷物」で1,709事業遺書、全体の13%を占めている。金額では16%のシェアがあるので、1事業所当たりの出荷額は4億4,400万円と多い。3番めに事業所数が多いのは「製本業・印刷物加工業」で、全体の11%に当たる1,485事業所。ただし出荷額の割合は4%に満たないので、1事業所当たりの出荷額は1億2,300万円と少ない。

印刷産業には大日本印刷、トッパンのような超大手も存在するが、大半は以上みてきたように中小・零細型の企業で成り立っており、それが地域密着型地場産業の特徴でもある。

表2. 印刷関連産業の業種別内訳

| 品種 | 事業所数 | 構成比 | 従業者数 | 人件費 | 原燃料使用額 | 製造品出荷額等 | 構成比 | 付加価値額 |
|---|---|---|---|---|---|---|---|---|
| 印刷業 | 11,016 | 82.6% | 205,812 | 849,294 | 2,008,011 | 4,175,872 | 89.6% | 1,865,819 |
| オフセット印刷 | 8,488 | 63.7% | 154,634 | 630,641 | 1,447,147 | 3,079,873 | 66.0% | 1,408,894 |
| オフセット以外 | 819 | 6.1% | 15,566 | 73,151 | 174,361 | 337,655 | 7.2% | 137,169 |
| 紙以外 | 1,709 | 12.8% | 35,612 | 145,502 | 386,503 | 758,343 | 16.3% | 319,756 |
| 製版業 | 721 | 5.4% | 17,430 | 84,357 | 107,698 | 282,398 | 6.1% | 152,541 |
| 製本・印刷加工業 | 1,485 | 11.1% | 18,762 | 64,413 | 55,157 | 183,078 | 3.9% | 112,750 |
| 製本業 | 773 | 5.8% | 11,033 | 38,410 | 30,896 | 102,877 | 2.2% | 62,629 |
| 印刷物加工業 | 712 | 5.3% | 7,729 | 26,003 | 24,261 | 80,201 | 1.7% | 50,121 |
| 印刷関連サービス | 113 | 0.8% | 1,523 | 6,601 | 7,996 | 21,698 | 0.5% | 12,240 |
| 印刷・同関連産業 | 13,335 | 100.0% | 243,527 | 1,004,665 | 2,178,862 | 4,663,046 | 100.0% | 2,143,350 |

## 紙製品・衛生用紙

# 衛生や環境を意識した製品が増加

洋紙・板紙などの原紙を加工して商品化したものを一般に「紙製品」と呼ぶが、この章では狭義的に紙製の文房具、いわゆるステーショナリーを指している。封筒、ノート、便せん、レポート用紙、手帳、アルバム、メモパッド、画用紙、原稿用紙、祝儀袋などがそれに該当する。

紙製品は、原紙自体が特殊な機能を付加され進歩してきたことと並行し、近年は高機能な商品が数多く開発されている。例えば、封筒製品のもっとも原始的なタイプは“クラフト封筒”だが、特殊機能紙を用いて地紋印刷を施さない“中の透けない封筒”が開発されるなど、発展を続けてきた。さらに、最近では環境意識の高まりから、再生紙をはじめFSC森林認証紙や間伐材など、環境対応紙を用いた製品が定番化している。

近年の紙製文具市場は、IT化によるペーパーレスや少子化の影響を受け、緩やかな縮小傾向にある。学生も社会人もデジタル端末への記録が増え、郵便も減少、封筒の消費量も減少傾向している。この傾向はコロナ禍でさらに拍車がかかった。2023年はコロナも5類に移行し、人流も徐々に元に戻っているとはいえ、縮小傾向であることは否めない。

コロナ禍において高まった衛生意識は依然、継続している。表紙に抗菌加工を施したノートやステーショナリーグッズなどの発売や、近年はサステナブルの観点から環境に配慮する紙製品も多くみられるようになった。

業界団体には全日本紙製品工業組合（全紙工。東京都台東区。☎03-3844-4434）があり、日学用・事務用紙製品（ノート・便せん・原稿用紙・レポート用紙）および封筒のメーカーを中心に組織されている。

## コロナ化を契機にペーパータオル市場が拡大

使用後に廃棄することを前提とした紙製・不織布製の生活用品を総じて紙製衛生材料と呼び、そのなかでも消費者に日常的に使われているトイレットペーパー（TP)、ティシュペーパー、ペーパータオルなどを「衛生用紙」という。これらは一般に家庭で使われることが多いため、家庭紙とも呼ばれる。ただし、家庭用とは別に施設向けなどの業務用も存在する。

TPは主に①パルプ物（フレッシュパルプ100％)、②再生紙物（古紙100％)、③ブレンド物（古紙とフレッシュパルプの混抄）の３種類に分けられる。価格帯ではパルプ物がもっとも高く、従来は大手メーカー数社のみが手がけていたが、近年では中小メーカーの商品も販売されている。ブレンド物はおおむねパルプ物と再生紙物の中間的な価格帯で販売されている。再生紙物は大手のほか、主に静岡県・岐阜県・愛媛県・福岡県などの中小メーカーが製造しており、パルプ物との生産量の比率は「パルプ物：再生紙物＝４：6」となっている。

他方、ティシュペーパーはフレッシュパルプ100％がスタンダードで、王子ネピア、日本製紙クレシア、大王製紙の大手３社がブランド力で一歩リードしてきたが、近年は中小メーカーも市場の一角に食い込んできている。また、以前は業務用が中心だったペーパータオルが、コロナ禍による衛生意識の高まりなどから一般家庭にも広く浸透し、市場の急拡大の一因ともなっている。

こうした衛生用紙の年間生産量は洋紙全体の１割程度で、生活必需品のため好不況にかかわらず、毎年の出荷量は比較的安定している。とはいえ近年の物価高や円安のため原燃料費が高騰しており、コロナ禍以降、値上げが相次いだ。また価格が安い輸入ソフトパックシュッシュのシェアが急速に伸びている。

なお、衛生用紙の業界団体として日本家庭紙工業会（日家工。東京都中央区。☎ 03-3248-4861）がある。

## 段ボール

# 必要不可欠の包材として動脈物流を担う

最初に段ボールの構造について説明する。段ボールとは、波形に成形した中芯原紙の片面または両面にライナーを貼り合わせてシート状にしたもので、＊片面段ボール＝１枚のライナーに波形状に成形した中芯原紙を貼り合わせたもの、＊両面段ボール＝片面段ボールの段頂にライナーを貼り合わせたもの、＊複両面段ボール＝両面段ボールの片側に片面段ボールの段頂を貼り合わせたもの、＊複々両面段ボール＝複両面段ボールの片側に片面段ボールの段頂を貼り合わせたもの―の４種類がある。

言葉で説明するとわかりにくいかもしれないが、下の図１をみれば一目瞭然だろう。当然、片面→両面→複両面→複々両面となるにつれて内容物を保護するための強度も高まるので、用途に応じて使い分けられるが、一般的に多いのは両面タイプである。

段ボールは、産業用から家庭用まで経済活動と日常生活のあらゆるシーンで日々大量に使われ、いわば社会の動脈物流を担っている。この段ボールを製造する従業者４人以上の工場は全国に1,800ほどあり、年間出荷額は１兆7,163億円、１事業所平均では約9.6億円に相当する（2021年 経済センサス活動調査）。同統計で「パルプ・紙・紙加工品製造業」（紙パ産業）の合計出荷額は約７兆1,000億円なので、段ボール産業は４分の１弱のウエイトを占めていることになる。

図１. 段ボールの種類

| 片面段ボール | 両面段ボール | 複両面段ボール | 複々両面段ボール |
|---|---|---|---|
| | | | |

資料：全国段ボール工業組合連合会（以下同）

段ボールを製造する事業所に

は①原紙からシートへの加工のみを行う工場、②シートとケース（箱）の両方を製造する工場、③ケース加工のみを行う工場―の3種類がある。①は事業所数・出荷金額とも少なく、②は事業所数が少ないものの大規模工場が中心なので出荷金額は多く、③は小規模工場が主体だが事業所数は多いので出荷金額は②に次ぐ。ちなみに経産省の工業統計では①を「段ボール製造業」、②と③を「段ボール箱製造業」と呼んで区別している。

段ボールシートを製造するための機械を「コルゲーター」と呼ぶが、これを所有している事業所が①のシート専業と②のケース一貫で、③のケース専業は①や②からシートを購入しエンドユーザーの要求に合わせて箱の形に仕上げ、また必要に応じて箱の表面への印刷なども行う。なお②は印刷も含め最終的な箱の形に仕上げるのが基本だが、その時々におけるコルゲーターの生産能力や稼働状況に応じて③へのシート販売も行う。

これを22年の生産実績に当てはめると、まず図2の左側にある棒が①と②を合わせたシートの生産実績で、真ん中の棒は②が箱に仕上げるために次工程へ投入した数量、そして右側の棒は①や②が③に販売したシートの数量である。また図3は、次工程に投入されたシートがどのようなユーザー業種向けに使われたかを構成比で表したもの。食品関連用途で55%の比率となっている。さらに包装用のほか最近では、大規模災害時における被災地用の緊急支援物資として段ボール製のベッドなどが活躍している。

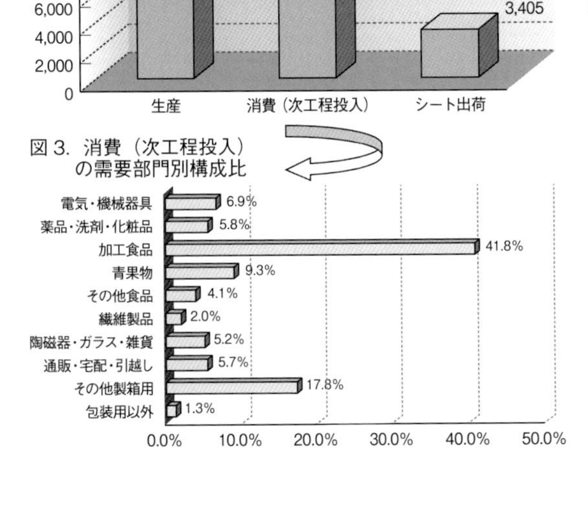

## 製袋・紙器

# 各産業の指標となる製袋・紙器の実需

### 穀物や鉱産物の貯蔵・運搬から手提げ袋まで担う「製袋」

中に物を入れて持ち運べるように、主に紙素材で袋状に成形したものを「製袋（せいたい）」と呼ぶ。製袋は主に、セメント・米麦・飼料など粉・粒体の重量物の運搬用（物流用）として使用される「クラフト紙袋」（重袋）と、消費者が日常的に使う紙袋や手提げ袋（ショッピングバッグ）などの「軽包装袋」（軽袋）という2種類に大別される。

クラフト紙袋は、セメント・アスファルト・砕石・石炭などの鉱産物から、米麦・とうもろこし・製粉・砂糖・甘味・塩・でんぷん・コーヒー豆などの農水産物、あるいは肥料や化学薬品などまで用途は多岐にわたり、重量物の運搬に耐え得る強靱性や中身を保護する防湿性・貯蔵性に優れる。

例えば、米を貯蔵した場合には2～3年は保存可能と言われる。二昔ほど前まで重量物の用途向けには原紙5～6枚を重ねた多層もみられたが、近年は3層から2層を主流として、あるいは1層のタイプも登場するなど技術向上により変遷してきている。これは原紙強度や製袋技術が向上しているほか、コスト削減や資源節約の志向も後押ししているといえよう。原紙を生産する大手製紙メーカーには製袋メーカーを傘下に擁するケースもみられ、王子製袋や日本製袋はそれに該当する。

ここ数年のクラフト紙袋市場は、景気低迷の影響を受けて産業資材関連が伸び悩み、減少傾向にある。2023年は前年割れとなり、出荷袋数は9億7,725万袋で前年比95.8%と減少した。使用原紙ベースをみても16万4,579tで同

95.8%と、こちらも減少した。ちなみに2020年版の工業統計表によれば重包装袋の出荷金額は約666億円だった。なお、クラフト紙袋の業界団体として全国クラフト紙袋工業組合（加盟50社、東京都中央区、☎03-3248-4854）がある。

これに対し「軽包装袋」は、底が四角状で自立し商品を入れやすい角底袋やコンパクトな平袋、持ち手の付いた手提げ袋などの総称。消費者が百貨店や専門店などで買い物をした際に無償で付いてくる場合がほとんどだが、その大半は店やブランドのPRを兼ねているためデザイン性を重視したものが多い。高級ブランドショップや貴金属店などでは、自社ブランドのイメージアップを図るべく宣伝広告の媒体としているほか、近年では非木材紙（バガス紙・ケナフ紙）など環境対応をうたった素材を用いるなど、経営姿勢のアピールにも利用されている。工業統計表（2020年版）による角底袋の出荷金額は約626億円。なお、角底紙袋の業界団体には日本角底製袋工業組合（日袋工＝加盟10社、東京都台東区、☎03-3866-3943）がある。

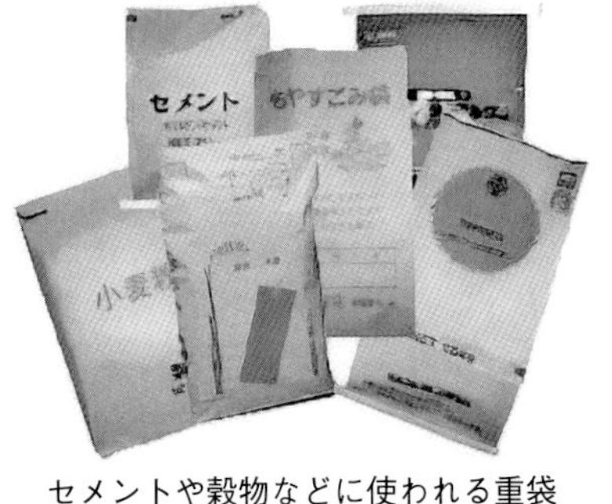

セメントや穀物などに使われる重袋

ショッピングバッグなどに使われる手提げ袋

## 企画・設計→印刷→加工を行う一貫化を売りに異業種参入が激増

紙製の包装容器を総称して「紙器（しき）」といい、その種類は「印刷紙器」「貼箱」「段ボール箱」「簡易箱」の4つに分類される。

**印刷紙器**　板紙に印刷したものを素材として作られている紙箱をいう。食品、洗剤、化粧品、薬品、菓子、ティシュボックス、牛乳パックに至るまで、店頭に陳列されている商品の紙箱のほとんどは「印刷紙器」に分類される。印刷紙器は展開して折り畳んだ状態で保管することに適している。多色印刷が可能で、高級感を醸し出すための表面加工を施すこともある。設計の自由度が高く、比較的安価で済む。

**貼　箱**　板紙を素地として器状に組み立て、表面や内面にファンシー紙や和紙などを貼って美しく仕上げた箱のことをいう。表面素材として紙以外に布や皮なども使われる。高級品や個性的なギフト用パッケージとして使われており、最近では貼箱そのものが商品となっている場合もある。製作コストが比較的高い。

**段ボール箱**　波状に成形した「中芯（なかしん）」の片面または両面に「外装ライナー」を貼り合わせたものが段ボールシートで、このシートを使って箱状に成形したものが「段ボール箱」である（156 頁参照）。梱包・輸送用として一般的かつ大量に使用される。また表面を印刷した紙・板紙に薄型段ボールを貼合して意匠性を高めたものを「美粧段ボール箱」といい、こちらは印刷紙器に分類される。主に軽量家電製品、酒・飲料製品、陶器・ガラス製品向けの包装用途で使われている。

**簡易箱**　実用性を優先させた、シンプルで安価な紙箱のことをいう。四隅を針金やホットメルトなどで留めて組み立てている。とくにネジやボルトなど機械部品を入れる箱に多く使用されており、機械箱ともいわれる。また、留め具を使用しないケーキの箱などもこの部類に入る。

紙器業界の近年の特徴としては、製作コストをできるだけ削減したい顧客の意を汲む市場性向が強くなり、企画・設計→印刷→加工までを一貫で行う企業が増えてきている。参入プレイヤーが多いのも特徴で、紙器専門から出発した企業のほか、印刷・紙流通などあらゆる業種をベースとした企業が自前の印刷・加工設備を保有して「一貫化のメリット」をうたっており、競争は年々激しさを増している。なお、紙器製造の業界団体には全日本紙器段ボール箱工業組合連合会（全紙器＝加盟 1,414 社、東京都中央区、☎ 03-3552-6531）がある。

# 知っておきたい
# ～紙パの基礎用語

⑦

## 企業展開・経営戦略に関わる用語

**IR**（Investor Relations）　企業が株主や投資家に対し、投資判断に必要な財務状況などの情報を適時、公平に、継続して提供していくこと。企業はIR活動を通じ投資家などと意見交換することで、お互いの理解を深め信頼関係を構築し資本市場での正当な評価が得られようになる。逆に外部からの厳しい評価を受けることで、経営の質を高められる。最近は株主や投資家に対してだけでなく、顧客や地域社会などに対して経営方針や活動成果を伝えることもIRの重要な活動の1つになってきており、製紙会社でもIR担当部署を設けることが一般化している。

**IoT**（Internet of Things）　そのまま「アイ・オー・ティー」と読む。直訳通り「モノのインターネット」を意味し、各種のモバイル端末のほか家電機器や自動車など、あらゆる「モノ」がインターネットで繋がることにより、遠隔地から相互に操作できるため新規ビジネスの創出が期待される。工場の生産性向上にとどまらず、産業構造や消費形態の変化をもたらすインパクトがあると捉えられており、AI（artificial intelligence：人工知能）や後出のDXどとともに語られることが増えてきている。またAIに関しては最近パソコンでもブラウザなどを通して使える「対話型AIチャットサービス」が普及しつつある。代表的なものにChatGPTやBingAIなどがあり、業務効率化で利用度を高めている。

**インバウンド**（Inbound）　とくに日本を訪れる外国人旅行者の消費活動を指す場合が多い。訪日外国人観光客の急増の恩恵を受けるのは観光業にとどまらず売上を伸ばした消費財も多く、製紙関係ではホテルで使用されるトイレットペーパーなどの衛生用紙や紙おむつが需要を増やした。2020年のコロナ禍発生で訪日外国人が激減したが、新型コロナウイルスの法的位置づけが変更されて次第に外国人旅行者も戻りつつあり、単月ではコロナ禍以前を上回るケースもある。

**ESG**　環境（Environment）、社会（Social）、企業統治（Governance）の頭文字を取ったもので、企業の長期的な成長を可能にするにはこの3つの観点が必要との考え方。2006年当時のアナン国連事務総長の提唱により責任投資原則（PRI）が発足、日本では年金積立金管理運用独立行政法人（GPIF）が15年9月に署名したことから一般企業も注目するようになった。投資の意思決定において従来型の財務情報だけを重視するだけでなくESGも考慮にする手法を「ESG投資」と呼び、植林事業や古紙のリサイクル、木質繊維の高度利用などに加え、プラスチックごみの問題をきっかけに代替素材としての紙が再評価され、製紙会社が投資先として有力視されるようになった。

**SCM**（Supply Chain Management）　サプライ・チェーン・マネジメントの略。情報システムやITを活用し、資材の調達から生産･加工、物流･在庫、販売までのジャスト・イン・タイムな管理を実現する手法で、コスト削減などに効果がある。かつて話題となったトヨタの「かんばん方式」はその先駆けであり、SCMはこれにIT活用をプラスした考え方とも言える。2011年3月11日の東日本大震災など自然災害や、コロナ禍、ロシアのウクライナ侵攻など予想不能な出来事の影響は甚大であり、その重要性が改めてクローズアップされた。今後、国内製紙会社においてもサプライチェーンの見直しが進むと予想されている。

**SDGs**　Sustainable Development Goals（持続可能な開発目標）の略称で「エスディージーズ」と読む。2001年策定の「ミレニアム開発目標（MDGs）」の後継。15年9月国連サミットで『持続可能な開発のための2030アジェンダ』が採択され、そこで記載された2030年までに持続可能でよりよい世界を目指す国際社会共通の目標である。貧困になくし、地球環境を保護し、すべての人が平和と豊かさを享受できるようにする17のゴールと169のターゲットで構成されている。各種環境関連の行動方針を設けてきた日本製紙連合会では、紙パがSDGsへの貢献で果たす役割も大きいとし2021年3月に「Towards 2030 ～ SDGs目標に対するワーキンググループ検討結果報告書」をまとめ、23年4月にはそれを踏まえた「サステナビリティ基本原則」を策定し一般に公表している。

**M&A**（Merger & Acquisition）　企業の合併・買収のこと。近年、国際経済化の進展の下で世界レベルでのM & Aが継続的に繰り広げられ、とくに欧米経済圏でのダイナミックな動きが注目を集めた。紙パ業界もさることながら、関連産業である化学製品や製造機械、自動化機械などの業界再編のスピードには瞠目すべきものがあり、なじみ深い会社名がいつの間にかなくなっているケースは多数に及ぶ。わが国もその影響を大きく受け、各種産業で企業の合併・買収が相次いだが、紙パ業界も同様に再編の繰り返しといってよく、最近は中国や東南アジアなど新興国の市場拡大が新たな誘発要因となって国際的M&Aに乗り出す企業も目立つ。M&Aの狙いは国内市場の成熟化を背景とした“守り”のための企業基盤強化から、国際市場を睨んだ“攻め”の事業展開の要素が濃くなってきており、対象も海外の製紙メーカーにとどまらず関連業種を含んだものも増えている。また日本国内でも更なる再編の可能性について取り沙汰されるようになった。

**拡大生産者責任**（EPR：Extended Producer Responsibility）　OECDによって提唱された考え方で、メーカーは製品そのものの性能や安全性だけでなく製造工程での公害防止や製品使用後の処分など、製品のライフサイクル全体における環境影響に対しても責任があるとする。端的にいえば、生産者に使用済み製品の処理費用の負担や責任を負わせ処理費用を製品価格に転嫁させようとする制度。生産者に課せられる責任としては、①リサイクル容易な製品設計、②製品についての環境情報の提供、③使用済み製品の回収責任、④リサイクルまたは処分コストの負担—などがあげられる。2000年制定の「循環型社会形成推進基本法」には、そうした生産者の負うべき責任に対する考え方が採り入れられ、その後の各種リサイクル法の見直しでは一段とその考え方が強化されている。

**企業ブランディング**（corporate branding）　近年、企業イメージを受け身ではなく積極的に構築していこうとの考え方が強まっており、その観点から客に企業の価値やイメージを認知してもらおうとする戦略。競合他社との差別化を図るとともに自社イメージの向上を図ることが目的。

**キャッシュフロー**（cash flow）　会計学では現金利益のこと。つまり当期利益に減価償却費を加えたものだが、単に資金の流れを指す場合もある。必要な時にすぐに使用できる資金。紙パ業界でもこの言葉はよく使用され、連結決算、時価会計、株主重視の経営と関連して、その重要性が増している。現金利益を稼ぎ出す能力を拡大させる経営としてのキャッシュフローが経営状況を判断する1つの指標にされている。

**業界再編**（industry reorganization）　業界内の企業が体質強化・国際競争力強化などの目的で合併、統合すること。前出のM&Aとほぼ同じ意味で使われることが多い。紙パ業界は再編の歴史と言ってよく、1990年代以降に限っても多くの再編劇が繰り広げられた。まず93年に十條製紙と山陽国策パルプが合併して「日本製紙」、王子製紙と神崎製紙が合併して「新王子製紙」をそれぞれ設立、さらに新王子製紙は96年に本州製紙と合併し「王子製紙」に。日本製紙は大昭和製紙と事業統合して2001年に「日本ユニパックホールディング」(04年10月「日本製紙グループ本社」に商号変更) を発足させ、03年4月には「日本製紙」(洋紙事業) と「日本大昭和板紙」(板紙事業) に再編するなど、わずか10年足らずの間に新しい2大トップメーカーが誕生。その後も王子・日本それぞれのグループ内再編が進められ、王子製紙グループは12年10月に持株会社制へ移行、持株会社「王子ホールディングス」の下に各分野の事業会社が存在する形となった。日本製紙グループも日本製紙が12年10月に日本大昭和板紙を合併し日本紙パック、日本製紙ケミカルも併せて吸収、さらに13年4月にはその日本製紙と日本製紙グループ本社が合併して前者が存続会社となった。一方、東海パルプと特種製紙は07年4月にホールディングカンパニーを設立し10年4月両子会社を吸収合併し特種東海製紙へ移行。また09年10月に紀州製紙を完全子会社化した北越製紙は社名を「北越紀州製紙」(現・北越コーポレーション) とし11年4月に紀州製紙を吸収合併、18年には王子ホールディングスと三菱製紙が資本提携を行い話題となった。その後、大きな再編の動きはないが、グループ組織再編や事業買収などは継続的に取り組まれている。

流通サイドでも「国際紙パルプ商事」(大永紙通商と日亜が合併) や「大倉三幸」(大倉紙パルプ商事と三幸が合併)、「サンミック商事」(十條商事とサンミック千代田が合併) の誕生など、めまぐるしく再編が進んできた。さらに2005年10月には大倉三幸と岡本が合併して「新生紙パルプ商事」(SPP) が発足。国際紙パルプ商事 (KPP) は翌06年10月に服部紙商事を実質的に吸収合併し、13年1月には住商紙パルプと合併している。他方、日本製紙100%子会社だったサンミック商事と日本製紙代理店のコミネ日昭は06年4月に合併して「日本紙通商」となり07年10月マンツネを合併、北越紀州製紙は11年10月に丸大紙業と田村洋紙店を統合して「北越紀州販売」(現・北越紙販売) を発足。三菱製紙販売は王子製紙との代理店契約にともない19年11月に「三菱王子紙販売」へ社名を変更している。

**コーポレート・ガバナンス** (corporate governance)　企業の内部統制の仕組みや不正行為を防止する機能のことで「企業統治」と訳される。経営者の暴走や組織的な違法行為などを防止し、経営の透明性・健全性・遵法性を確保することで企業価値を高めることができる。企業の不祥事が多発するなか、ますますその重要性が注目されている。

**コンプライアンス** (compliance)　一般的に「法令遵守」と訳され、法律や規則などにそむかず法律や規則をよく守ること。また、一般的な社会で使われるコンプライアンスと区別するため、企業の場合はとくに「ビジネスコンプライアンス」ともいう。企業でこの言葉が使われる場合には、法律だけでなく倫理や道徳を含む社会的規範の遵守も求められる。現在、このコンプライアンスが重視されるようになったのは、企業が法律や規則に違反したり倫理的におかしな行為を犯したりして、それが公になると企業存続にかかわるケースが国内外で多発しているからである。関連法として「改正公益通報者保護法」が2022年6月1日に施行され、従業員300人以上の事業者には内部公益通報受付窓口の設置をはじめとする体制整備や是正措置の義務が生じることになる。

**CSV** (Creating Shared Value)　経済的価値と社会的価値を同時実現する共通価値の戦略。2011年にハーバードビジネススクールのマイケル・ポーター教授らが提唱した新しい概念で、社会的課題は企業にとり負担がかかるものではなく、自社の強みで解決すること。企業の持続的な成長へつなげる差別化戦略の一つである。

**CSR**（Corporate Social Responsibility）　企業の社会的責任。企業は経済活動を目的とする組織だが、倫理的観点から事業活動を通じて自主的に社会貢献を行うべきとの考え方。CSRは企業が利益を追求するだけでなく、組織活動が社会へ与える影響に責任をもち、消費者や従業員、取引先、地域社会、株主や金融機関などのすべてのステークホルダーからの要求に対し適切な意思決定をする責任があるということ。持続可能な未来を社会とともに築くべき企業の行動原理として大手を中心に製紙会社でも広く導入され、コンプライアンスや環境活動などを包含する形で取り組まれ、「CSRレポート」「CSR報告書」などの名称で発表されることが多い。なお、SDGsと似ているようだが、CSRはさまざまなステークホルダーからの信頼を得るための活動であるのに対し、SDGsは事業活動を通し社会課題を解決して持続可能な社会をつくることが目的であり、達成すべき目標が具体的に設定されている。ただし、最終的な目的はいずれも同じと言える。

**執行役員制**（corporate officer system）　取締役の員数を減らし取締役会のスリム化を目的とするもので、執行役員とは文字通り実際の事業を執行する役員。経営戦略の立案・決定をする役員と実際の運営を行う執行役員とに分け役割分担をはっきりさせた制度で、責任の明確化と意思決定の迅速化が期待できる。商法上の責任を負う「取締役」とは区別され、株主代表訴訟の対象にならない。わが国で最初に執行役員制を採り入れたのはソニーで1997年、紙パでは王子製紙（現・王子ホールディングス）が最初に導入、その後、多くの製紙会社や紙流通企業が導入するようになり現在では一般化している。

**S&B**（Scrap & Build）「スクラップ・アンド・ビルド」と読む。廃棄し建設するの意。設備の新増設ではなく、既設設備を廃棄し、その代わりとなる新しい設備を設置すること。「4号抄紙機をS&Bする」と言えば、通常は現在使用している4号抄紙機を廃棄し、さらに性能のよい抄紙機を新たに導入することを指す。複数の抄紙機を廃棄し大型抄紙機に集約化するS&Bの形態が多いが、抄紙機の大型化に限界が出はじめていると言われている。また、近年は需要構造の変化にともない廃棄や休止となる抄紙機も少なくないが、他方では洋紙向け抄紙機を板紙や家庭紙などの堅調品種向けに改造する動きも目立つ。

**TOB**（Take Over Bid）　英語の頭文字を取った略語で「ティー・オー・ビー」と読み、日本語では「株式公開買い付け」。ある企業の株式を大量取得したい場合、マスメディアなどを通し一定価格・一定期間による一定株数の買い取りを表明し、不特定多数の株主から一挙に株式を取得する方法。紙パでは2006年に王子製紙（現・

王子ホールディングス）が北越製紙（現・北越コーポレーション）に対しTOBを試みた例がある。

**DX**　デジタルトランスフォーメーション（Digital Transformation）の略で、経営用語として使う場合は、企業を取り巻く環境が大きく変化するなかAIやIoT、ビッグデータなどデジタル技術を駆使し新たなビジネスモデルを構築するといった意味合いとなる。新型コロナウイルス感染症の世界的な流行で時間・空間の制約や働き方・生活形態の変化により事業展開の改革が急務とされ、改めてDXが注目されることとなった。なお、政府は日本社会のデジタル化推進を目的として「デジタル庁」を2021年9月に設置、官公庁全体のDX化で着々と政策を打ち出しており、その1つに大きな話題となったマイナンバー（個人番号）制度がある。なお、紙パルプ業界では人手不足や人材確保の対策としても期待されており、事務所や工場などにおけるDX推進が積極的に取り組まれつつある。

**BCP**（Business Continuity Plan）　事業継続計画のこと。自然災害や大火災、テロなどの緊急事態に遭遇した場合を想定し、事業資産の損害を最小限にとどめるとともに中核事業の継続や早期復旧ができるような方法や手段などを取り決めておく計画。東日本大震災やコロナ禍などを通し、その重要性が再確認されて従来以上に同計画の強化が取り組まれている。

**ホールディングカンパニー**（holding company）　「持株会社」ともいう。他の株式会社の株式を大量に保有して、その株式会社を支配することが主な目的の会社。最近では複数企業の経営統合において、共同で持株会社を設立し、その子会社となった後に企業合併などの再編を行うケースが増えている。2012年10月発足の「王子ホールディングス」は、各事業の権限と責任を明確化し意思決定を迅速化するため、事業持株会社制から純粋持株会社制へ移行したもの。

**ライフサイクルアセスメント**（life cycle assessment）　「LCA」と略して呼ばれることも多い。ある製品について、原料採取→製造・加工→使用→廃棄・リサイクルといった一連のライフサイクルのうえで発生する環境負荷を総合的に評価する手法。従来の局面ごとの評価では、例えば製造時の環境負荷が低くても廃棄・リサイクルしにくいものだと、トータルにみた時に「環境にやさしい」製品とはいえない。これに対しLCAの評価をISOでは、①ライフサイクル・インベントリ分析（ISO14041）、②ライフサイクル影響評価（ISO14042）、③ライフサイクル解釈（ISO14043）の3段階で構成されるものとしている。

**連結決算**（consolidated accounts）　資本的にも実質的にも支配―従属関係にある法的に独立した複数の会社から成る企業集団を、経済的な観点から単一の組織体と見なして、その経営成績および財政状態を把握するための決算方法。連結決算により支配会社（親会社）が作成した財務諸表を連結財務諸表といい、個別財務諸表と比べ企業集団の実態をより明確に把握することができる。わが国では証券取引法のディスクロージャー制度の大幅な見直しが行われ、1999年4月以後に開始する事業年度から連結決算中心の開示制度になった。さらに2000年3月期からの連結範囲の拡大以来、一段と重視されるようになった。投資家は連結決算により算定された業績によって企業を評価するようになり、株価もそれに比例することが予想されるため、グループ全体で限られた資源をいかに有効に配分し業績を向上させていくかが親会社の経営にとっては重要な課題となってくる。

## 紙の製造に関わる用語

**カーテン塗工**（curtain coating）　コーター（塗工機）における塗工ヘッドのノズルから、走行する紙など基材の塗工面に向かって塗料膜のカーテンを流出させて塗工する方式。ヘッドに供給する塗料の流量を調節することにより高精度な塗工量調整が可能、塗料のミストやスプラッシュが発生しない、静音、高品質塗工が可能―などのメリットをもつ反面、安定した塗料供給ができるヘッドの形状、完璧な塗料の脱泡、基材に同伴空気の除去が必要―といった課題から、これまでなかなか採用されてこなかったが、近年は機械的精度の高いコーターも開発され、板紙や感熱紙、機能紙などの品種で活用され、脱プラ用紙資材にも効果的な技術である。

**嵩高剤**（bulking promoter）　抄紙工程で添加しパルプ繊維間に充填させて紙の嵩高を実現する薬品。白色度や不透明度、クッション性などを向上させ、少ないパルプ量でこれまでと同じ厚さの紙を抄紙できる点が特徴で、省資源につながり環境対応ともなる。

**カッター**（cutter）　断裁機のこと。紙を所定の寸法の平判に断裁する機械。ロータリー式、上下動式、ギロチン式に大別される。製紙工場では仕上工程に高性能のカッターが導入されているほか、卸商ではユーザーへの有料サービスとして断裁作業をしている。

**カレンダー**（calendar）　複数のロールから成り、紙を通過させることで表面に平滑性と光沢を付与する装置。

**含浸**（saturation）　紙に薬品や樹脂などを染み込ませる処理。基材に耐水・耐油、耐火、電気絶縁などの機能を付与する際に多用される。主な含浸法としてはプレウエット法、フロート法、ドクターバー法などがある。

**顔料**（pigment）　インキや塗料などに使用される粉末の着色料。有機顔料、無機顔料がある。

**コーター**（coater）　塗工機ともいう。広義には基材にコーティング（塗布）する機械のことだが、わが国紙パルプ業界では、抄紙機で抄いた原紙にコーティング剤を塗工する機械を指し、2次加工以降のものは塗工機と呼ばない。塗工方式によりブレードコーター、エアナイフコーター、ドクターコーター、ロールコーター、バーコーター（ロッドコーター）、カーテンコーターなどに分けられる。印刷効果を高める目的からコーターで処理された紙を「コート紙」といい、コート紙のなかでも薄く塗ったものを「微塗工紙」と呼ぶ。またノーカーボン紙や感熱紙は表面に特殊な薬品を塗布してあるが、これもコーターよってつくられる。手法としては、抄紙機のうえで塗るオン・マシン・コーティングと、原紙抄造後に塗るオフ・マシン・コーティングがある。印刷用紙ではオンとオフ両方の方式が普及しているが、情報用紙のコーターはオフに限られる。また、板紙分野でも中身の商品を高級なイメージにするためパッケージ印刷面への塗工も重要視される。

**サイズ剤**（sizing agent）　紙に筆記性や印刷適性、軽度の耐水性をもたせるために添加する薬品の総称。酸性抄紙に用いる酸性サイズ剤と中性抄紙に用いる中性サイズ剤があり、添加方法によって内添（パルプスラリー中に添加）および表面（コーター、サイズプレス、カレンダーなどで塗工）サイズ剤に大別される。酸性抄紙においては主にロジン系サイズ剤が用いられるが、近年は弱酸性～中性領域での抄紙に対応したタイプも開発されている。また、中性サイズ剤としてはAKD（アルキルケテンダイマー）系やASA（アルケニル無水コハク酸）系のサイズ剤が用いられる。

**サイズプレス**（size press）　紙の表面性を高めるためにサイズ剤や紙力増強・改善剤を付与する装置で、抄紙機の乾燥部に設置されている。

**紙粉**（dust）　紙の抄造・断裁・加工時に発生するパルプ繊維や填料・顔料などの粉塵。印刷時にこれらが版面に付着したりすることで、ヒッキー（その部分にインキが付かず、印刷物に白点が生じる）の原因となる。

**抄紙機**（paper machine）　紙を抄造する機械。パルプから湿紙を形成する抄き網（ワイヤー）部、水を絞るプレス部、乾燥部から成る。種類としては、網の形状から名づけられた長網抄紙機、短網抄紙機、円網抄紙機、それにツインワイヤー・マシン、ハイブリッド・マシンなどがある。業界では「マシン」と言えば通常は抄紙機を指す。

**シュープレス**（shoe press）　ロールプレスにおける下側のロールを広幅のシューに置き換えることで長い加圧時間とニップ幅を確保、大幅な搾水性改善を実現した抄紙のプレス（搾水）技術。段ボールやライナーなどの抄紙機では以前から導入されていたが、近年はコート紙や新聞用紙など洋紙系のマシンにも採用されるようになった。また、潤滑油の飛散が防止できるクローズドタイプが開発されているほか、上側のロール部分にシューを利用することも可能になっている。

**ストレッチ包装**（stretch wrapping）　主にパレット単位の物品を幅の広いフィルム（ストレッチラップフィルム）により結束する包装方式。被装物の頂部を除き、ほぼ全面を被覆する。フィルムは伸びやすく収縮力の大きなものが用いられ、複雑な形状でもタイトな結束ができ、透明包装のため識別性に優れている。また広い面積を覆う割に使用フィルム量が少なく、連続した巻取状フィルムを使用するため、機械化が容易である。

**スリッター**（slitter）　厳密には、シートやテープなどを断裁しながら巻き取る一連の機械、またはロール状になった素材を任意の幅に連続断裁、すなわち「輪切り」する機械を指す。素材を均一に巻き取るリワインダー(ワインダー)と合わせて「スリッター・リワインダー」と呼ぶことも多い。紙のほか、不織布、ビデオやカセットなどの磁気テープ、各種フィルムや粘着テープ、アルミ、鉄や銅など金属箔の加工に用いられる。

**スラッジ**（sludge）　紙パルプ工場から出る廃棄物の一種。ボイラー底部に沈降する不溶固形物で放置しておくと損傷や腐食の原因になる。これを取り出し燃焼させることで廃棄物の減容化およびエネルギー回収が行われており、それにより発生する灰をPS（paper sludge）灰という。この処理が産業にとって大きな課題の1つともなっていたが、セメントなどへの再利用や各種製品化が進められている。

**地合**（formation）　もともとは紙の繊維の分散状態を指す。「地合がよい」とは、抄きムラがなく平滑性に優れた紙をいう。

**チップ**（chip）　①パルプ、繊維板などの原料にするための、木材などの小片のこと。チッパーと称する、回転板に放射状に取り付けた複数本のナイフで切削して得る。わが国は製紙用チップの多くを輸入しており、海路でわが国の製紙工場近くにある港まで持ち込む。このチップを海外から運んでくる船のことを「チップ専用船」という。②古紙を原料とする紙器用板紙のことも「チップ」という。品種名はチップボールで裏白チップボール、一般チップボールに分けられ、主に台紙・芯材や貼箱などで用いられる。

**填料**（filler）　旧字の「塡料」を使う人も多い。紙に不透明性や平滑性を与えたり、重量を増したりするめ使用される鉱物質の粉末（無機／有機合成物もある）。代表的なものとして炭酸カルシウムやクレーなどがある。

**ドライヤー**（dryer）　湿紙を乾かす装置。ドライヤー・パートといえば抄紙機や塗工機などで紙を乾燥させる部分。また、ドライヤー・フェルトは、薄葉紙や特殊紙などに使用されるフェルト（一般紙の乾燥にはカンバスが使用される）を指す。抄紙機の日産能力は事実上、このドライヤー・パートの乾燥能力によって決まってくる。型式には「多筒式」と「ヤンキー式」に大別され、2種類以上を組み合わせた「コンビネーション」もある。

**パルプ**（pulp）　木材その他の植物を、機械的または化学的処理によって抽出したセルロース繊維の集合体。紙、レーヨン、セロファンなどの主原料となる。製法によって機械パルプ（mechanical pulp）、化学パルプ（chemical pulp）などに分けられ、また用途によって製紙用パルプ、溶解パルプなどに分類される。

**ピッキング**（picking）　①インキの粘りが強すぎたり、紙の表面強度が弱すぎたりする場合に発生する紙むけ（紙面がむけてしまうこと）のトラブル。②また流通では、物流倉庫などで仕分けされた商品を出荷先別にピックアップして取り揃えることをいう。最近はコンピュータを利用したデジタル・ピッキングが主流。

**リワインダー**（rewinder）・**ワインダー**（winder）　どちらも巻取機のこと。抄紙機やスリッターなどから流れてくる紙の幅・流れ方向の寸法を仕上げて巻き取る機械。ワインダーは抄紙機の最終工程でリールに巻き取る設備であり、リワインダーは抄紙ラインでいったん巻き取った紙を仕上加工や2次加工の処理をした後に再び巻き取る装置のことである。

**ワイヤー**（wire）　パルプや紙を抄く網のことで、抄き網ともいう。材質はプラスチックやブロンズ、ステンレス製などがある。抄き物に応じて網目や織り方を変える。抄紙工程で紙の地合を決定するのがワイヤー・パートと言われる。ここの形式により、抄紙機を「円網式」「長網式」「ツインワイヤー式」などと区別することが多い。

## 紙加工に関わる用語

**イージーピール性**（easy-peel）　易開封性、イージーピールオープン性ともいう。容器包装などを開封する際に手で簡単に開けられるような性能のこと。とくに食品向け容器包装において設計上の大きな要素となる。イージーピール性を付与するため、一般にはイージーピール用樹脂がシール面にラミネート、コーティングされる。また異種のプラスチック同士が熱シールできない性質を利用し、これらをある比率でブレンドしたフィルムを用いることでシールされる部分とシールされない状態をつくり容易に開けられるようにするタイプや、複数層のフィルムを用いて、被着体にシールしたフィルムとその上層のフィルムが剥離する方式も用いられる。このほか、紙のみでイージーピール性をもたせた滅菌紙なども開発されている。

**打抜機**（die cutter）　ダイカッターともいう。シート状の紙や板紙・段ボールを任意の形状に打ち抜く機械。ラベルの場合、剥離紙はそのままに表面基材と粘着剤のみを打ち抜くこともある。また、打抜きと同時に罫線入れ（筋をつけること）も行う。ボブスト式、トムソン式などの方式がある。

**エンボス加工**（embossing）　柄を彫刻した金型を押しつけ、紙などに凹凸のある模様をつける加工法。一般には柄が彫刻されたロールと、弾性のあるロールの間を通過させて加工するが、この加工機をエンボッサー（embosser）という。

**凹版印刷**（intaglio printing）　版の凹部にインキを満たして印刷する方式。版の全面にインキを付け、凹部以外の部分のインキを拭き取って印刷する。この方法ではインキを厚くつけることができるため、迫力のある印刷物が得られる。凹版印刷は写真技術を応用したグラビア印刷と、金属板を直接彫刻したり腐食によって凹部を作ったりする彫刻凹版に大別される。前者は出版物などに広く用いられるが、後者は高級印刷や偽造防止を目的とした印刷、アート関連など使用例は少ない。

**オフセット印刷**（offset printing）　オフセット印刷は、版面から直接紙面に印刷される凸版印刷に対して、版面からインキ画像を一度転写し（off）、再度セットして（set）紙面に印刷する方法。親油性の画線部と親水性の非画線部という、油と水の相互反発作用を利用している。平版に多く利用され、オフセット枚葉印刷（平判紙を使用）、オフセット輪転印刷（巻取紙を使用）がある。

**オンデマンド印刷**（print-on-demand）　印刷技術の形式を指す言葉ではないが、従来の印刷方式では印刷機にかける「版」の作製が必要であるのに対し、この方式はパソコンのデータから直接プリンタで印刷する。印刷物に仕上がるまでの時間を大幅に短縮、要望に応じてすぐに印刷（プリント・オン・デマンド）ができる。少部数のため従来方式の製版コストが割高となり、かつ厳密な印刷仕上がりが求められない場合などにメリットがある。印刷方式を表す「デジタル印刷」の言葉にこの意味を含ませて使われることが多い。

**嵩高紙**（high bulk paper）　英国ではbulky mechanical。もともとは単行本や文芸書に使われる書籍用紙の一種として開発された。紙の繊維間隔を広げて空気を含ませ気味にしてつくることで、1枚当たりの厚さが130ミクロンと一般的な書籍用紙に比べると約20%厚いにもかかわらず3%軽い。日本製紙が他社に先駆け98年に開発したが、現在では主要洋紙メーカーがコート系やマットコート系、上質系など各種タイプで発売しており、また書籍に限らず雑誌やムック、カレンダーなど多方面に用いられるようになっている。

**グラビア印刷**（gravure printing）　印刷したい部分を凹ませ、凹に入ったインキを被印刷物に転移させるもの。いったん版面全体にインキを流し、表面を拭き取る（掻き取る）と凹んだ溝にだけインキが残る。これを直接、印刷物に転移する。インキの盛り量が多いため、美術本やカタログ、チラシなど、とくにカラーを重視する印刷物に適している。

**グルー**（glue） もともとは膠（にかわ）のことだが、現在は糊・接着剤の総称として用いられることが多い。また、グルアーとは糊付けそのもの、または糊付け機を指す。

**偽造防止用紙**（anti-falsification paper, safety paper） 紙幣をはじめ、小切手などの有価証券、各種商品券などに使用される用紙。従来は多色文様の印刷や透かしの使用が主流だったが、近年におけるカラーコピー機やスキャナーの発達にともない、コピー時にオリジナルと異なる色で出力される、またはオリジナルにはない文字が出力される特殊インキの採用や、ホログラムシールの添付、ホログラム入りの細い帯を抄き込むスレッドホログラム方式の導入など、さまざまな技術が導入されている。また、1種類だけの偽造防止処理では対応しきれない状況となっていることから複数の技術を併用するケースが多く、ICペーパーの利用も考えられている。しかし上場会社の株券は2009年から電子化されており、取引形態のデジタル化進展により使われる局面は限られてくるとの指摘もある。また政府は2024年度に新紙幣へ切り替えるが、電子マネーの普及拡大が進むなかで紙幣がどのような役割を果たし、そのなかで偽造防止技術がどのよう利用されていくのか予想しにくい要素もある。

**グロス**（gloss）、ダル（dull） 塗工紙のなかでもとくに光沢を高めたものを「グロス調」とか「グロス系」という。高級感のあるカラー印刷などに適している。スーパーカレンダー（紙に強光沢、平滑性を持たせるために処理する工程の一つ）処理を行い、厚みや嵩（かさ）がある。また白紙面はつや消しだが、カラー印刷の部分だけはできるだけ光沢を出したい、というニーズに応えた塗工紙を「ダル調」という。一方、低光沢でしっとりとした視感・触感のある塗工紙を「マット調」とか「マット系」などという。

**抗菌紙**（antimicrobial paper, antibiotic paper） 「抗菌」とは細菌の繁殖を抑制することを指し、そうした機能を付与した紙を抗菌紙と総称している。ちなみに似た言葉として殺菌、滅菌、除菌、防カビなどがあり、それぞれの機能をもたせた製品が開発・上市されている。抗菌に用いられる抗菌剤は銀、銅、亜鉛などの金属塩をセラミックスやガラスなどに混ぜてつくった無機系と、化学薬品などを用いた有機系に大別され、これに酸化チタンなどを用いる光触媒系を加えた分類もある。

また最近では人体に安全なヒノキチオールやキトサン、ユーカリ、カテキンなど天然系抗菌剤の使用も増えている。抗菌剤を付与する方法は塗布、吹付け、含浸、抄込みなどさまざまで、樹脂などの場合には練り込みも行われる。最近はウエットティシュに抗菌機能を付加したものが売れ行きを伸ばしており、新型コロナウイルスの感染拡大を機に性能向上を図った新製品が多数開発されるようになった。さらに印刷用紙や包装用紙などにも抗菌機能を付加した製品が開発されている。

**孔版印刷**（stencil printing）　版にインキを通過させる部分と通過させない部分をつくり、版の裏面からインキを押し出して印刷する方式。版の種類には孔版、シルクスクリーン印刷版がある。簡易印刷や曲面印刷、大型の印刷物などで使用される。

**コルゲーター**（corrugator, corrugating machine）　ライナー、中芯を貼り合わせて段ボールシートを作る一連の機械のこと。貼合機、コルゲート・マシンともいう。中芯原紙を波状に段成形し、これに接着剤を塗布してライナーを貼り合わせ、片面、両面、複両面、複々面段ボールを製造する。最近は高速・広幅化が進む傾向にある。

**ダイカット**（Die Cut）　ローラープレスの圧力を利用し、金型などでできているダイ（抜き型）で板紙をさまざまな形にカットすること。

**断裁機**（cutter）　全判の紙を半裁、四裁などユーザーが使いやすいサイズに仕上げるための機械設備。小口販売が主体の紙卸商にとっては、なくてはならない機械の1つ。断裁には高い寸法精度が要求され、機械本体のほか熟練職人の技能も必要とするので、紙本体の価格とは別に断裁料金を請求するのが一般的である。適正な断裁料金を取得できている紙卸商は、概して経営も安定している。

**綴じ加工**（sewing, stitching）　印刷物や原稿・画稿などを糸や針金、接着剤などで綴じて表紙をつけ、冊子や書籍・雑誌の体裁に仕上げること。媒体・用途に応じてさまざまな綴じ加工が行われる。主なものとして、雑誌などの背の中央に針金を通して綴じる「中綴じ（針金綴じ）」（週刊誌など）、背の部分を3mmほど断裁して接着剤で綴じ、表紙でくるむ「無線綴じ」（少年誌、一般雑誌、写真集、文庫など）、本の背から5mmほどの位置（ノド）に針金を通して綴じる「平綴じ」（教科書、コミックなど）、本の背を糸で縫うように綴じる「糸綴じ」（百科事典、一般書籍など）、折り工程で背に無数の切込みを入れておき、接着剤で綴じて表紙でくるむ「網代（あじろ）綴じ」（一般書籍、文庫本など）がある。このほか、メモ帳や便せん、レポート用紙など1枚ずつ剥がすことができるように糊で綴じたものは「天糊（てんのり）」と呼ばれる。

**デジタル印刷**（digital printing）　デジタルデータを直接媒体に記録する印刷方式で

無版・有版いずれでも行われるが、レーザープリンタやインクジェットプリンタなどを使う無版印刷はとくに品質・コスト・納期の面で特徴を活かされるため、小部数印刷・オンデマンド印刷・バリアブル印刷などに有用とされる。

**凸版印刷**（letterpress printing）　凹凸のある版の凸部にインキを付け、紙など印刷対象に押圧して印刷する。簡単にいえば印鑑の仕組みと同じ。この印刷法で得られる印刷物は一般に鮮明な印象を与えるといわれる。版が凸状であるため印刷物の裏面には浮き上がりが見られることがあり、また押圧をかけることで、画線の境界にはインキの濃い部分（マージナルゾーン）が生じる。かつてこの方式の1つである活版印刷は新聞・雑誌、書籍などで多用されていたが、今ではほとんどオフセット印刷に取って代わられている。現在の主な凸版印刷としてはシールやラベルなどの樹脂凸版印刷、段ボールや包装フィルムなどのフレキソ印刷が主体となっている。

**バッグ・イン・カートン**（bag in carton）　液体などを充填するためのフィルム製内袋をカートン内に収めた容器を指し、バッグ・イン・ボックスとも呼ばれる。使用後、内袋と外箱の分別が可能。内袋に内容物を充填した後、外箱に装着する方法と、あらかじめ箱内に内袋をセットしておき、内容物を充填封緘する方法がある。

**光触媒**（photo-catalytic）　光によって有害物質や臭気などを分解・除去する働きをもつ触媒。光触媒としてよく知られる酸化チタンの場合には、太陽光や蛍光灯などに含まれる紫外線が当たることで触媒表面に電子と電子の抜け穴である正孔（ホール）の対が生成され、酸化チタン表面に電子─正孔対が拡散して酸化還元反応を起こす。この時、電子は酸素を還元してスーパーオキサイドアニオンを生成し、正孔は水と反応してヒドロキシラジカルを生成。これらの大きな酸化力をもつ化学種がアセトアルデヒドやホルムアルデヒド、アンモニア、硫化水素を二酸化炭素と水に分解する仕組み。最近では、光触媒によって臭気・有害物質除去機能を付与したフィルターや襖紙、壁紙などの機能紙が上市されている。

**平版印刷**（lithographic printing）　版面には明確な凹凸がなく、油と水の反発を利用して画線部にインキをつける印刷方式。つまり、画線部を疎水性、非画線部を親水性とし、親水部に水をつけることによって疎水部にしかインキがつかないようにする仕組み。得られた印刷物は画線が柔らかなタッチになる。製版コストが安いことから、カレンダーやポスター、パンフレット、ちらしなどの印刷に利用されている。

**プリプレス**（pre-press）　印刷前の組版・製版・刷版に関わる工程を指すが、企画、デザイン、原稿作成・入力、編集作業を含めて総称する場合もある。DTP（desk top publishing）は、これらの主な作業をパソコンで処理するもの。これにより、印刷の専門知識に乏しくても作業ができるようになった。最近では、オンデマンド印刷や電子書籍などの登場により、その役割も多様なものになってきている。

**ブロッキング**（blocking）　インキ乾燥時のトラブルの1つ。インキによって印刷物が重ねられた状態で互いに貼り合わされてしまうこと。原因はインキの盛りすぎや、インキの乾燥性不良、再粘着（一度乾燥したインキが再び粘着を起こすこと）、用紙の吸油度不良など。

**マイクロフルート**（micro flute）　従来の段ボール（A、B、C、Eフルートなど）に比べ段高が低く（0.5mm程度）、面積当たりの段数が多い超薄型の段ボールで、“Fフルート”“Gフルート”などとも呼ばれる。単紙の板紙並みの厚さで軽量化、緩衝性・断熱性の向上、表・裏・中芯各種原紙の組合せが可能—といったメリットがある。米国マクドナルドのハンバーガー用容器への採用を契機に食品・飲料や電気製品の包材向けなどで市場が拡大しつつあり、わが国では数社が製造しているが、今後は参入が増えるとみられている。

**マット**（mat）　低光沢でしっとりとした視感・触感のある塗工紙を「マット調」とか「マット系」などという。英語の「mat」＝光沢の鈍い、つや消しの、という意味からきている。書籍本文用紙などには光沢のある紙が嫌われるので、一般には非塗工の本文用紙が使われる。しかし、文字と並んでカラー写真や画像などを含む高級書籍では、色彩効果を高めるためにインキ着肉の良好な塗工面が望まれる。マット調の塗工紙は、こうしたニーズに最適で、カラー印刷の再現性に優れながら、文字の可読性も高い。カラー百科辞典、高級書籍用、企業案内など用途は広い。一方、光沢を高めたものを「グロス調」とか「グロス系」という。

**モットリング**（mottling）　印刷物のベタ部分（インキで完全に覆われる部分）にインキが均一に着肉せず、印刷面が斑状になるトラブル。インキ供給量が多すぎる場合（盛りすぎ）やインキの粘りが強い場合、インキと紙の相性・なじみが悪い場合などに発生する。

**ラミネート**（laminate）　ラミネート（ラミネーション）とは積層の意で、用途に応じて紙・フィルム・金属箔といったシートなどを重ねて貼り合わせること。一般には、紙などに樹脂を貼り合わせることを指す場合が多い。ラミネートによって付与する機能には、ラミネートしたシート自身の強度向上や美粧性アップのほか、耐水・耐油や耐熱、導電性・帯電防止、抗菌・防汚、防湿、ガスバリア性などさまざまなものがあり、各種包装材料をはじめ、書籍表紙などに多用されている。ラミネート加工を行う装置をラミネーターという。

## 環境問題に関わる用語

**PRTR 制度** (Pollutant Release and Transfer Register)　人の健康や生態系に有害な恐れのある化学物質について、事業所から環境（大気、水、土壌）へ排出される量や、廃棄物に含まれて事業所外へ移動する量を、事業者が自ら把握して国に届け出をし、国は届出データや推計に基づき排出量・移動量を集計・公表する制度。2001 年 4 月から実地。

**SDS** (Safety Data Sheet)　「安全データシート」のことで、化学物質や化学物質を含む混合物の取引を行う際、提供者はその危険性・有害性および取扱いに関する情報を相手方に伝えるための文書。化学物質排出把握管理促進法では、指定化学物質などに関し SDS の提供を義務づけるとともにラベル表示の努力も求めている。これは SDS 制度と言われ、対象事業者は「指定化学物質等取扱事業者」と呼ばれる。PRTR 制度の対象事業者と異なり、業種や常用雇用者員数、年間取扱量による除外要件はないので、指定化学物質等を取り扱うすべての事業者が対象となる。なお、日本 PRTR では 2011 年度まで一般的に MSDS (Material Safety Data Sheet：化学物質等安全データシート) 制度と呼ばれていたが国際整合の観点から「SDS」に統一した。

**カーボンニュートラル** (carbon neutral)　温室効果ガスの排出量と吸収量を均衡させること。「カーボンオフセット」「排出量実質ゼロ」の言葉も類義語として用いられる。日本政府は 2020 年 10 月に「2050 年カーボンニュートラル宣言」を発表、2050 年までに脱炭素社会を実現し温室効果ガス排出の実質ゼロを目標に掲げており、この言葉が企業にとっての新たな成長戦略のキーワードになると見る向きも多い。なお、日本製紙連合会も紙パルプ産業の地球温暖化対策を推進するため「カーボンニュートラル行動計画」を策定、そのなかで「国内の生産設備から発生する 2030 年度のエネルギー起源 $CO_2$ 排出量を 2013 年度比 38％削減する」との目標を掲げている。

**カーボンフットプリント** (carbon footprint) **制度**　頭文字をとって「CFP 制度」と略す場合もある。直訳すると「炭素の足跡」となるが、この制度は商品やサービスの原材料調達から廃棄・リサイクルに至るライフサイクル全体について、温室効果ガス排出量を $CO_2$ の量に換算して算定し、一般にもわかりやすくするためにマークで表示するもの。例えば再生紙 100％使用のトイレットペーパーなら、古紙や薬品などの原料調達、水やエネルギーなども含む生産、ポリ包装・段ボール包装などの梱包、トラック・列車などによる輸送—といった各工程について、それぞれ$CO_2$排出量を算出し、すべてを合計した総排出量を表示する。海外では欧州、とくに英国がもっとも進んでおり、算定・表示ガイドラインを2008年10月に策定するとともに、民間企業20社でパイロットプロジェクトを手がけている。わが国でもカーボンフットプリント制度を温室効果ガス削減の推進策の1つとして捉えており、09年3月には経済産業省が$CO_2$排出量の算定や表示方法といった共通のルールを策定、日本製紙連合会も10年2月に紙・板紙のCFP算定基準原案を完成させている。

**グリーン購入法**（Act on Promoting Green Procurement）　持続可能な発展による循環型社会の形成を目指し、供給面だけでなく需要面からの働きかけが重要との観点から、国や地方自治体など率先して環境物品などを優先的購入することを義務づけたもの。2000年5月の制定で、正式には「国等による環境物品等の調達の推進等に関する法律」と。同法では、重点的に調達を推進すべき環境物品など22分野285品目（2022年2月現在）とその判断基準を定めている。「紙類」も対象分野で、コピー用紙やフォーム用紙、インクジェットプリンタ用紙、印刷用紙、トイレットペーパーなどが特定調達品目となっている。

**黒液**（Black liquor）　現在、パルプ製法の主流となっているKP（Kraft Pulp）法では、木材チップを薬品で煮溶かし（蒸解）、木材繊維（セルロース）を取り出す。その際、木材繊維を固めていたリグニン・樹脂成分と蒸解薬品が混じった液体を濃縮したものを黒液と呼ぶ。木材の50%は木材繊維であり、これがパルプ原料となるが、残りの50%を占める黒液は化石燃料の代替エネルギーとして以前から紙パルプ工場で使われてきた。黒液のカロリーは重油の2分の1〜3分の1程度あり燃焼させることができるので、回収ボイラーと呼ばれるボイラーで燃焼させて蒸気を発生させる。その蒸気でタービンを回し発電するが、圧力の下がった蒸気は抄紙工程に送られ紙の乾燥にも使われるため、無駄なく効率的な利用が行われている。また燃焼させた後の灰を集めることにより、蒸解時に使った薬品も98%以上が回収され再利用される。$CO_2$を発生させる化石燃料は地球温暖化の原因とされているが、黒液は太陽エネルギーを蓄えた生物由来のエネルギーであり、燃焼時の$CO_2$排出量は植物生長時の光合成による$CO_2$吸収量に等しいので、カーボンニュートラルなバイオマスエネルギーとして扱われる。資源エネルギー庁が集計する「総合エネルギー統計」において、黒液は風力や太陽熱、廃棄物などとともに非化石由来の再生可能エネルギーに区分されている。

**CoC認証**（Chain of Custody Certification）　FSC（Forest Stewardship Council；森林管

理協議会）森林認証のうち、適切に管理された森林由来の材を使用した製品であることを認めた加工・流通過程（Chain of Custody）の管理認証。近年、国内でも取得企業が増加している。ちなみに、FSC 森林認証は適切に管理された森林由来の材であることを証明する認証制度で、違法伐採の防止、環境負荷の低減、地域住民の不利益回避などを目的とする。FSC のほか、カナダ規格協会（CSA）による持続可能な森林管理基準、全米林産物製紙協会による持続可能な森林認証システム（SFI）、汎ヨーロッパ認証スキーム（PEFC）の４つが主要な森林認証として普及している。日本の森林にふさわしい認証制度である『緑の循環』認証会議（SGEC）も国内で浸透しつつある。

**再生可能エネルギー**（renewable energy）　従来は「自然エネルギー」や「新エネルギー」などと呼ばれていたもので、太陽光、風力、波力･潮力、流水･潮汐、地熱、バイオマスなどによるもの。石油、石炭、天然ガスなどの化石燃料がいずれ枯渇するのに対し、永続的に利用できる自然由来のエネルギーであり、地球環境問題の観点からその利用促進が各国により進められている。わが国でも 2012 年７月から「再生可能エネルギー全量買取制度」がスタートした。企業や個人が再生可能エネルギーを使って発電した場合、電力会社などの電気事業者は一定期間・固定価格によりその電気の全量を買い取らなければならない。対象となる再生可能エネルギーは太陽光、風力、地熱、水力、バイオマス。大手製紙会社はエネルギー事業の取組みを強化し、電力自由化と相まって同制度の利用を活発化させている。

**サステナビリティ**（sustainability）　日本語では「持続可能性」。言葉の意味自体は幅広いものを対象としているが、近年はとくに経済活動や企業活動などと資源・環境問題との関係で頻繁に用いられるようになった。1987 年の「ブルントラント報告」（国連環境と開発に関する世界委員会）でその概念が示され、92 年の地球サミットで「持続可能な開発」への合意がなされた。限りある資源を有効に使うにはリサイクルが求められ、人類が将来にわたって存続できるよう環境汚染対策にも万全を期さなければならないという考え方。紙パルプ産業は原料となる木材資源を適正な森林経営により永続利用でき、使用済みの紙も回収し再製品化しており、生産過程で発生する各種廃棄物はエネルギーなどに有効利用している。そうした点では各種製造業のなかでもっとも「サステナビリティ」な産業といえる。

**GX　グリーン・トランスフォーメーション**（Green Transformation）の略。地球温暖化や環境破壊、気候変動などを引き起こす温室効果ガスの排出を削減し、環境改善とともに経済社会システムの改革を行う取組みのこと。わが国では 2050 年までに温室効果ガスの排出量を“ゼロ”にするカーボンニュートラルを掲げているが、その実現には欠かせない取組みと位置づけており、企業がその実現へ向けた取組みを通じ経済成長を実現し社会システムの変革へ挑戦し協働する場として「GX リーグ」が設置されている。なお､そこでの紙パルプ産業の役割は大きく、政府が2023年12月に公表したGX実現に向けた「分野別投資戦略」でも“重点16分野”の1つに選ばれている。

**生分解性プラスチック**（biodegradable plastics） 土中などで微生物により自然分解される樹脂類の総称。“グリーンプラ”とも呼ばれる。バイオポリエステルやバクテリアセルロースなどの「微生物系」､脂肪族ポリエステル､PVA（ポリビニルアルコール）など「化学合成系」、セルロース、でんぷん、キトサンなど「天然物系」と、これらを複合した「複合物系」に大別される。最近ではエマルジョンタイプのものも上市されるなど開発も進んでいるが、生分解性プラスチックの主流となっているのはトウモロコシなど農作物から得られるでんぷんを発酵させてできる乳酸を重合させたポリ乳酸系である。最近、海洋プラスチックごみが地球規模の社会問題となっていることから生分解性プラスチックに対する期待も高まっており、導入や普及に向けての課題も多いが着実に解決しつつある。

**セルロースナノファイバー**（Cellulose Nano Fiber） 一般にCNFと略称される。木材繊維（パルプ）を1μmの数百分の1以下のナノオーダーにまで高度に微細化したバイオマス素材で、化学処理や機械解繊などによりつくられており、循環型産業の紙パルプにとって新規事業へと成長していく動きを見せている。2014年6月に経産省主導の下、産総研コンソーシアムとして製紙会社や化学会社や大学、研究機関などで構成する「ナノセルロースフォーラム」が設立され、産官学連携や地域連携を強化するプラットフォームとして重要な役割を果たしたが、民間主導による社会実装化の段階に入ったことから20年3月末に同フォーラムは解散、後継組織として2020年4月1日に「ナノセルロースジャパン」（NCJ）が発足。着実にCNF利用の領域が広がっている。

**TNFD**（Task Force on Nature-related Financial Disclosure） 自然関連財務情報開示タスクフォースのこと。次記のTCFDに続く「自然資本等」に関する企業のリスク管理と開示枠組みを構築するために設立された国際的なイニシアティブ。2019年5月のG7環境大臣会合においてタスクフォース立ち上げが呼びかけられ、20年7月に国連開発計画（UNDP）、世界自然保護基金（WWF）、国連環境計画金融イニシアティブ（UNEP FI），グローバルキャノピー（英国環境NGO）の4機関によりTNFD非公式作業部会が結成、23年9月に本格始動の予定である。

**TCFD**（Task Force on Climate-related Financial Disclosures） 気候関連財務情報開示

タスクフォースのこと。G20の要請を受け、金融安定理事会（FSB）が気候関連の情報開示および金融機関の対応をどのように行うかを検討するため、設立された。そこでは2017年6月に最終報告書が公表され、企業等に対し気候変動関連リスクおよび機会に関する項目、すなわちガバナンス（Governance）、戦略（Strategy）、リスクマネジメント（Risk Management）、指標と目標（Metrics and Targets）について開示することを推奨している。

**ナノファイバー**（nanofiber）　学術的には直径1nm～100nmで長さが直径の100倍以上の繊維状物質。工業的には繊維径1,000nm（1$\mu$m）未満でアスペクト比50以上まで定義を広げ、高機能新素材として開発が進められている。ナノファイバーを使うことでミクロンオーダーの繊維（マイクロファイバー）では得られなかった新しい特性を織物・不織布・紙などさまざまな製品形態で付与できるため、各種用途で高機能製品の開発が進められている。ナノファイバーの製造技術は現在も継続して開発が進められ、現在では繊維径100nmのものも可能となってきている。各種ポリマーが原材料となるが、最近では「ナノセルロース」の研究開発も進展しており、日本ではとくにセルロースナノファイバー（CNF）の研究が活発で木質バイオマスの新たな高機能材創出につながりつつある。

**バイオマスボイラー**（biomass boiler）　バイオマスとは動植物から生まれた再生可能な有機性資源で、①肥料・燃料などに利用できる廃棄物系（家畜排せつ物、生ゴミ、パルプ廃液、製材工場残材、建築廃材、下水汚泥など）、②でんぷん・油などに利用できる資源作物（さとうきび、米、芋類、とうもろこし）、③未利用バイオマス（稲わら、もみがら、林地残材など）がある。バイオマスボイラーとは、重油や石炭などの化石燃料ではなく、非化石燃料であるこれらバイオマスを使用することにより、エネルギーの有効利用を図るボイラーで、「新エネボイラー」と呼ぶこともある。未利用エネルギーの有効活用で廃棄物を減らすことができ、エネルギーコストの改善や$CO_2$排出量の削減により地球温暖化防止にも役立つことから製紙会社での採用が広まったが、2012年7月より再生可能エネルギー固定価格買取制度がスタートし、他の産業でも発電用に導入が活発化したためバイオマス原料の不足も懸念されている。

**プラスチック資源循環促進法**　2022年4月1日に施行された法律で正式名称は「プラスチックに係る資源循環の促進等に関する法律」。「プラスチック新法」と略されることもある。プラスチック使用製品の設計から廃棄物処理に至るまでのライフサイクル全般でプラスチック資源循環（3R+Renewable）の取組みを促進するために施行されたもの。紙パでは複合加工や廃棄処理などで関係してくるが、他方ではプラスチックから紙あるいは木質系素材への代替も進む要因の１つになると見られている。

**無塩素漂白**（chlorine free bleaching）　分子状塩素を一切使用しないパルプ漂白方法。ECF（Elemental Chlorine Free）法とTCF（Totally Chlorine Free）法がある。ECF法は漂白剤として二酸化塩素を用いる方法で、日本のパルプ工場の多くはすでに切り替えを終えている。この方法では塩素化反応の可能性がきわめて低いうえ、分子状塩素に比べてその投与量が少なくて済むというメリットもある。一方、TCF法では塩素をまったく使用せず、代わりに過酸化水素やオゾン、酸素を用いるもの。

**リグニン**（lignum）　木材成分の１つで、細胞と細胞とを接着して樹木を強固にするとともに、耐水性を付与したり微生物から守ったりしている物質。パルプ製造の際に不要物となるが、工場では一般的にこれを黒液として燃料に利用している。他方では有価物への製品化も進められ、分散剤や粘結剤、ボイラー用のキレート剤などとして市販されている。また最近は、CNF（セルロースナノファイバー）との結合体である「リグノCNF」の研究が進められ、熱可塑性や成形性を活かした次世代高機能材料の１つとして樹脂との複合材が考えられている。

## 製品・規格に関わる用語

**ISO**（International Organization for Standardization）「国際標準化機構」。製品の大量生産と国際貿易の発展にともない、世界各国が製造した製品に互換性をもたせる必要が生じ、国際標準規格を制定するための機関として1947年に組織化された民間の組織。本部はスイスのジュネーブにあり、加盟国は169ヵ国（2023年10月現在）に上る。ISOへの加盟は、各国から１つの標準化機関に限られており、日本からは「日本工業標準調査会」が52年に加盟している。。

**JIS**（Japanese Industrial Standards）　日本工業規格のこと。わが国の紙・板紙のJISは日本製紙連合会、紙パルプ技術協会、機械すき和紙連合会などが原案を作成し、各種の調査・審議を経て政府により制定・公布されている。寸法や品種ごとの品質特性などが定められており、近年はISOと同じ内容となるよう国際整合化が図られている。ちなみにJISで紙は「植物繊維その他の繊維を膠着させて製造したもの」となっている。

**板紙・段ボール**（paperboard, corrugated container）　板紙を成形したものの一種が段ボールである。板紙は段ボール原紙（段原紙）、紙器用板紙、その他の板紙に分類され、そのうちの段ボール原紙を複数枚、貼り合わせてシート状にしたものが段ボール（段ボールシート）である。段ボール原紙は、ライナー（外装用と内装用）と中芯原紙に分けられる。外装用ライナーは段ボールの外側および内側に使用される。内装用は外装用よりは強度が低く、あまり強度を要求されない紙箱の中仕切りなどに使用される。中芯原紙は、外装用ライナーと貼り合わせる形で使用され、衝撃を和らげる働きがあって、中味を保護する。そもそも段ボールの「段」というのは、この中芯部分が段々になっていることから付けられた。

**家庭紙**（household paper）　一般家庭で使用される衛生用紙のこと。トイレットペーパーやティシュペーパー、タオルペーパー、ちり紙などを指す。衛生薄葉紙、家庭用薄葉紙、あるいは機械すき和紙（別項参照）を代表して指す場合もある。末端商品であるため、洋紙・板紙とは流通形態や市場構造が異なり、独自の市場を形成している。また広くブランド名が行きわたっている点も特色。

**紙・板紙**（paper & board）　紙と板紙を厳密に区別した定義はないが、およその目安としては、単層抄きか多層抄きかで区別される。紙は単層抄きが多く、板紙はほとんどが多層抄き（抄き合わせ）である。また、紙は薄物、板紙は厚物という区別の仕方もある。紙は薄いので柔らかく、板紙は厚みがあるので固い（剛性に優れる）という分け方もできる。

**機械すき和紙**（machine made Japanese paper）　抄紙機で抄（す）いた和紙の総称。機械すき和紙に対するものとしては手漉（す）き和紙がある。手漉き和紙は、原料の処理から製品づくりに至るまで、機械類をほとんど使用しない点に特徴がある。機械すき和紙は、機械を使用することによって効率を上げ、品質の均一化を図っている。ティシュ、トイレットペーパー、障子紙、書道用紙などを機械すき和紙と呼ぶ。

**縦目・横目**（long grain, short grain）　紙には抄紙の段階で、縦への引っ張り強度が高いものと、横への引っ張り強度の方が高いものとがある。このうち、抄紙機の進行方向に並行な紙の方向を「縦目」または「T目」という（技術的にはMD：machine direction）。また抄紙機の進行方向と直角な紙の方向を「横目」「Y目」という（技術的にはCD：cross direction）。その紙の縦横どちらがT目かY目かを見分けるには、比較的破りやすい方がT目、破りにくい方がY目というのが目安となる。新聞用紙はT目が多く、書籍用紙などにはY目が多い（頁をめくりやすいため）。一般に四六判サイズの対応ではY目が多く、菊判サイズにはT目が多い傾向がある。

**特殊・機能紙**　洋紙のなかでも、特別の機能を付与した紙を「特殊紙（specialty paper）」あるいは「機能紙（high performance paper またはintelligent paper）」と呼ぶ。

紙・パルプ統計では独立した項目として分類されておらず、明確な定義もないが、従来の紙の機能を超えた特性をもつ紙を総称していう。

**塗工紙**（coated paper）　紙に薬品（塗料）を塗り混ぜて光沢を出したもの。筆記性や白色度（別項）の向上に効果がある。この処理を行っていないものを「非塗工紙(uncoated paper)」という。

**非木材紙**（non-wood paper）　木材パルプ以外の植物繊維を原料とした紙。古代エジプトのパピルス（アシ）、日本における楮や三椏による和紙、藁半紙、たばこ巻紙（亜麻など）もこれに当たる。一時、環境意識の高まりからケナフ（アオイ科の植物）、バガス（サトウキビの絞りかす）、竹、バナナなどを原料としたさまざまな非木材紙が市場に出ていたが、LCA 的な見地からは必ずしも環境に優しいとは言えないことが一般にも理解され、独特の風合いを備えた特殊紙としての位置づけがされるようになった。

**白色度**（brightness）　パルプおよび紙の白さの程度。色の表示法によって表示することができ、一般に「ホワイトネス（whiteness）」という場合が多いが、パルプ・紙では「ブライトネス（brightness）」で表すことが多い。ハンター白色度、エルレホ方式という測定法を用いる。

**ファンシーペーパー**（fancy paper）　日本で生まれた言葉であり、fancy（装飾的な、趣味的な）という意味合いが込められている。多種の色合い・風合い・手触り・質感・坪量があり、銘柄だけでも 500 以上を数える。小ロット多品種の典型的な製品ともいえる。本の表紙や見返しをはじめ、カレンダーやパンフレットなど、用途は広い。

**不織布**（nonwoven）　読み方は「ふしょくふ」で、文字通り織らない布のことで、天然繊維や化学繊維、ガラス繊維、金属繊維などを、織らずに化学的または物理的な方法で結合させたシート。各種の製法と繊維の組合せにより経済的に多様な機能を付加することができる。製法は大きく湿式と乾式に分けられ、さらに製造プロセスにより細かな製法に分類される。製紙会社が抄紙機で製造する場合は湿式不織布の場合が多い。

**ユニバーサルデザイン**（universal design）　国籍や性別・年齢、障害の有無などに関係なく、また個人の好みに応じてあらゆる人が利用しやすいように考慮された製品デザインのこと。紙関連ではパッケージデザインなどでの導入が進められており、表示の明確性（商品内容や保存方法・賞味期限などを読みやすく表示する、あらゆる人がわかりやすいような絵やマークで表示する―など）、イージーピール性、廃棄・分別のしやすさなどの配慮が求められる。

# 知っておきたい
# ～基礎データ

8

# 紙・板紙の品種分類

〈紙〉

＊印は経済産業省指定の統計品目

| 品種 | | | | 該当品種の説明 |
|---|---|---|---|---|
| ＊新聞巻取紙 | | | | 新聞印刷に使用されるもの。 |
| 印刷・情報用紙 | 非塗工印刷用紙 | ＊上級印刷紙 | 印刷用紙 A | 白色度 75％程度以上。汎用性に富み、書籍、教科書、ポスター、商業印刷、一般印刷などに使用されるもの。 |
| 印刷・情報用紙 | 非塗工印刷用紙 | ＊上級印刷紙 | その他印刷用紙 | 書籍用紙、辞典用紙、地図用紙、クリーム書籍用紙など、いずれもその目的に応じて製造された印刷用紙。 |
| 印刷・情報用紙 | 非塗工印刷用紙 | ＊上級印刷紙 | 筆記・図画用紙 | ノート、便箋、帳簿などの仕様に適するよう製造された筆記用紙および製図、スケッチブックなどの仕様に適するよう製造された図画用紙。 |
| 印刷・情報用紙 | 非塗工印刷用紙 | ＊中級印刷紙 | 印刷用紙 B | 白色度 75％程度以下。書籍、教科書、雑誌の本文、商業印刷、一般印刷などに使用されるもの。 |
| 印刷・情報用紙 | 非塗工印刷用紙 | ＊中級印刷紙 | 印刷用紙 C | 白色度 65％程度以下。雑誌の本文、電話番号簿本文などに使用されるもの。 |
| 印刷・情報用紙 | 非塗工印刷用紙 | ＊中級印刷紙 | グラビア用紙 | 雑誌などのグラビア印刷に使用されるもの。 |
| 印刷・情報用紙 | 非塗工印刷用紙 | ＊下級印刷紙 | 印刷用紙 D | 白色度 55％前後。雑誌の本文などに使用されるもの。 |
| 印刷・情報用紙 | 非塗工印刷用紙 | ＊下級印刷紙 | 特殊更紙 | 漫画誌の本文などに使用されるもの。 |
| 印刷・情報用紙 | 非塗工印刷用紙 | ＊薄葉印刷紙 | インディアペーパー | 極く薄く不透明度の高い紙で、辞典、六法全書、バイブルなどに使用されるもの。 |
| 印刷・情報用紙 | 非塗工印刷用紙 | ＊薄葉印刷紙 | その他薄葉印刷紙 | カーボン紙原紙、エアメールペーパー、転写用紙、タイプライター用などに使用されるもの。 |
| 印刷・情報用紙 | ＊微塗工印刷用紙 | | | 1㎡当たり両面で 20g 程度以下の塗料を塗布。使用原紙は中質紙。雑誌本文およびチラシ、カタログなどの商業印刷に使用されるもの。 |
| 印刷・情報用紙 | 塗工印刷用紙 | ＊アート紙 | | 1㎡当たり両面で 50g 前後の塗料を塗布。高級美術書、雑誌の表紙、口絵、ポスター、カタログ、カレンダー、パンフレット、ラベルなどに使用されるもの。 |
| 印刷・情報用紙 | 塗工印刷用紙 | ＊コート紙 | 上質コート紙 | 1㎡当たり両面で 40g 程度以下の塗料を塗布。使用原紙は上質紙。高級美術書、雑誌の表紙、口絵、ポスター、カタログ、カレンダー、パンフレット、ラベルなどに使用されるもの。 |
| 印刷・情報用紙 | 塗工印刷用紙 | ＊コート紙 | 中質コート紙 | 1㎡当たり両面で 40g 程度以下の塗料を塗布。使用原紙は中質紙。雑誌の本文、カラーページ、チラシなどに使用されるもの。 |
| 印刷・情報用紙 | 塗工印刷用紙 | ＊軽量コート紙 | | 1㎡当たり両面で 30g 程度以下の塗料を塗布。使用原紙は上質紙。雑誌の本文、カラーページ、チラシなどに使用されるもの。 |
| 印刷・情報用紙 | 塗工印刷用紙 | ＊その他塗工印刷紙 | キャストコート紙 | キャストコーターで生産され、アート紙よりも強光沢の表面をもち、平滑性に優れた高級印刷用紙。カタログ、パンフレットなどに使用されるもの。 |
| 印刷・情報用紙 | 塗工印刷用紙 | ＊その他塗工印刷紙 | エンボス紙 | アート紙、コート紙、キャストコート紙などに梨地、布目、絹目などのエンボス仕上げを施した高級印刷用紙。カタログ、パンフレットなどに使用されるもの。 |
| 印刷・情報用紙 | 塗工印刷用紙 | ＊その他塗工印刷紙 | その他塗工紙 | アートポスト、ファンシーコーテッドペーパーなど。絵葉書、商品下げ札、雑誌の表紙、口絵、グリーティングカード、商業印刷、高級包装などに使用されるもの。 |

〈紙〉

＊印は経済産業省指定の統計品目

| 品種 | | | | 該当品種の説明 |
|---|---|---|---|---|
| 印刷・情報用紙 | 特殊印刷用紙 | ＊色上質紙 | | 染色した印刷用紙で、表紙、目次、見返し、プログラム、カタログ、健康保険証などに使用されるもの。 |
| | | 印刷用紙 ＊その他特殊 | 郵便はがき用紙 | 通常はがき、年賀はがき、往復はがきなどに使用されるもの。 |
| | | | その他特殊印刷用紙 | 小切手、手形、証券、グリーティングカード、地図、製図用紙、ファンシーペーパーなどの特殊な用途に使われるもの。 |
| | 情報用紙 | ＊複写原紙 | ノーカーボン原紙 | ノーカーボンペーパーの原紙。 |
| | | | 裏カーボン原紙 | 裏カーボンペーパーの原紙。 |
| | | | その他複写原紙 | クリーンカーボンペーパーなどの複写用原紙。 |
| | | ＊フォーム用紙 | | コンピューターのアウトプットに使用されるもの。NIP 用紙を含む。 |
| | | ＊ PPC 用紙 | | 普通紙複写機（PPC）に使用されるもの。 |
| | | ＊情報記録紙 | 感熱紙原紙 | ファクシミリやプリンターなどのアウトプットに使用され、熱によって文字、画像などを発色する感熱紙用の原紙。 |
| | | | 感光紙用紙 | ジアゾ感光紙（青写真）の原紙。 |
| | | | その他記録紙 | 感熱紙以外の静電記録紙原紙、熱転写紙、インクジェット紙、放電記録紙、計測記録用紙などアウトプットに使用されるもの |
| | | ＊その他情報用紙 | | 統計機カード用紙、さん孔テープ用紙、OCR 用紙、OMR 用紙、MICR 用紙、磁気記録紙原紙など主としてコンピューターのインプットに使用されるもの |
| 包装用紙 | 未晒包装紙 | ＊重袋用両更クラフト紙 | | セメント、飼料、米麦、農産物などを入れる大型袋に使用されるもの。 |
| | | クラフト紙 ＊その他両更 | 一般両更クラフト紙 | 粘着テープ、角底袋、包装用および加工用などに使用されるもの。 |
| | | | 特殊両更クラフト紙 | 半晒で、一般事務用封筒などに使用されるもの。 |
| | | 未晒包装紙 ＊その他 | 筋入クラフト紙 | 筋入模様のある片艶の薄いクラフト紙で、果実袋、封筒などに使用されるもの。 |
| | | | 片艶クラフト紙 | 片艶のクラフト紙で、果物袋、合紙および包装用などに使用されるもの。 |
| | | | その他未晒包装紙 | 上記以外の未晒のもので、加工用および包装用などに使用されるもの。 |
| | 晒包装紙 | ＊純白ロール紙 | | ヤンキーマシンで抄造された片面光沢の紙で、包装紙、小袋、アルミ箔貼合などの加工原紙として使用されるもの。 |
| | | フト紙 ＊晒クラ | 両更晒クラフト紙 | 長網抄紙機で抄造され、手提袋、封筒、産業資材の加工用などに使用されるもの。 |
| | | | 片艶晒クラフト紙 | ヤンキーマシンで抄造され、手提袋、薬品、菓子、化粧品などの小袋、加工用などに使用されるもの。 |
| | | 晒包装紙 ＊その他 | 薄口模造紙 | ヤンキーマシンで抄造したものを、さらにスーパーカレンダーで仕上げした両面光沢の薄い紙で、包装用および伝票などの事務用紙などに使用されるもの。 |
| | | | その他晒包装紙 | 上記以外の、包装用および加工用などに使用されるもので、純白包装紙、色クラフト紙など。 |

〈紙〉

＊印は経済産業省指定の統計品目

| 品種 | | | | 該当品種の説明 |
|---|---|---|---|---|
| 衛生用紙 | ＊ティシュペーパー | | | 衛生用途などに使用され、通常２プライで連続取り出しされるようになっているもの。 |
| 衛生用紙 | ＊トイレットペーパー | | | トイレで使用される紙で、ロール状にしたもの。 |
| 衛生用紙 | ＊タオル用紙 | | | キッチンペーパー、手拭い用途などに使用されるもの。 |
| 衛生用紙 | ＊その他衛生用紙 | | | 上記以外の衛生用紙。ちり紙、生理用紙、京花紙、テーブルナプキン、おむつ用紙など。 |
| 雑種紙 | 工業用雑種紙 | ＊加工原紙 | 建材用原紙 化粧板用原紙 | 家具、壁材用のプリント合板用原紙。 |
| 雑種紙 | 工業用雑種紙 | ＊加工原紙 | 建材用原紙 壁紙原紙 | 壁紙用原紙で、裏打ち用を含む。 |
| 雑種紙 | 工業用雑種紙 | ＊加工原紙 | 積層板原紙 | フェノール樹脂を含浸処理し、主としてプリント基板として使用される積層板用の原紙。 |
| 雑種紙 | 工業用雑種紙 | ＊加工原紙 | 接着紙原紙 | 粘着・剥離用の基紙、工程紙。 |
| 雑種紙 | 工業用雑種紙 | ＊加工原紙 | 食品容器原紙 | 紙コップ、紙皿、小型液体容器などに使用される原紙。 |
| 雑種紙 | 工業用雑種紙 | ＊加工原紙 | 塗工印刷用原紙 | 一貫用を除く、市販または自社他工場向けに出荷する微塗工印刷用および塗工印刷用原紙。 |
| 雑種紙 | 工業用雑種紙 | ＊加工原紙 | その他加工原紙 | 塗布、含浸などの加工を施して使用される紙で、硫酸紙、耐脂・耐油紙、防錆紙、防虫紙、温床紙、擬革紙、研磨紙、ろう紙、バルカナイズド原紙、製版用マスター、写真印画紙原紙など。 |
| 雑種紙 | 工業用雑種紙 | ＊電気絶縁紙 | コンデンサペーパー | コンデンサに使用される極く薄い絶縁紙。 |
| 雑種紙 | 工業用雑種紙 | ＊電気絶縁紙 | プレスボード | 変圧器などに使用される厚い絶縁紙。 |
| 雑種紙 | 工業用雑種紙 | ＊電気絶縁紙 | その他絶縁紙 | ケーブル、コイルなど各種電気絶縁用に使用される紙。 |
| 雑種紙 | 工業用雑種紙 | ＊その他工業用雑種紙<注> | | ライスペーパー、グラシンペーパー、トレーシング、濾紙、水溶紙、遮光紙、煙草用チップ、吸取紙など上記以外の工業用に使用されるもの。 |
| 雑種紙 | 雑種紙 | ＊家庭用 | 書道用紙 | 書道半紙、書写用紙、画仙紙。 |
| 雑種紙 | 雑種紙 | ＊家庭用 | その他家庭用雑種紙 | 紙ひも、障子紙、ふすま紙、紙バンド、奉書紙、ティーバッグ、傘紙、油紙、のし袋などに使用されるもの。 |

<注>「グラシンペーパー」は、経済産業省の指定統計品目では「その他工業用雑種紙」に含まれているが、日本製紙連合会ではこれを「工業用雑種紙」の中の独立項目として計上している。

〈板紙〉

＊印は経済産業省指定の統計品目

| 品種 | | | 該当品種の説明 |
|---|---|---|---|
| 段ボール原紙 | ライナー | ＊外装用（クラフト） | 段ボールシートの表裏に使用されるもの（段ボール原紙 JIS 規格 LA 級、LB 級および両者に準ずるものが該当）。 |
| | | ＊外装用（ジュート） | 段ボールシートの表裏に使用されるもの（段ボール原紙 JIS 規格 LC 級および LC 級に準ずるものが該当）。 |
| | | ＊内装用 | ライナーのうち上記２品目以外のもので、段ボール箱の中仕切りなどに使用されるもの。 |
| | ＊中芯原紙 | | 段ボールシートの中の「段（フルート）」に使用されるもの。 |
| 紙器用板紙 | 白板紙 | ＊マニラボール（塗工、非塗工） | 抄き合わされた板紙で、表裏の白色度が同程度のもの。出版物の表紙、カタログ、ゲームカードなどの厚手の印刷物や化粧品、医薬品、食料品などの包装容器に使用される。 |
| | | ＊白ボール（塗工、非塗工） | 抄き合わされた板紙で、表裏の白色度の差が明確なもの。食料品、雑貨、洗剤、ティシュなどの包装容器に使用される。 |
| | 色板紙 ＊黄・チップ | 黄板紙・チップボール | 抄き合わされた板紙で、芯紙として使用されるもの。書籍の表紙およびケースの芯紙、菓子箱、土産物の箱、紙製玩具などに使用される。なお表面に印刷した用紙を貼って使用されることが多いが、単紙で使用されることもある。 |
| | | 色板紙 | 抄き合わされた板紙で、染料で着色されたもの。菓子箱、玩具・雑貨の箱、土産物の箱などに使用される。ただしクラフトボールのように、クラフトパルプまたはクラフト系古紙の色をそのまま生かしたものもある。 |
| ＊建材原紙 | | 防水原紙 | アスファルトやタールなどを含浸させた、屋根床など建築物の防水材の原紙。 |
| | | 石膏ボード原紙 | 石膏ボードの芯材である石膏の表面および側面を被覆するために用いる原紙。 |
| ＊紙管原紙 | | | 化粧品フィルム、製紙用、繊維用、テープ用、土木建築用、鉄鋼用、IT 関係用などの巻芯に使用される板紙。 |
| ＊その他板紙 | | ワンプ | 紙・板紙用の包装紙。 |
| | | その他板紙 | 各種台紙、地券、芯紙など上記以外の板紙。 |

# パルプの品種分類

| 項目 | | | | 製造法 | 品質上の特徴・用途 |
|---|---|---|---|---|---|
| 溶解パルプ（DP） | | | | 製法は基本的にサルファイトパルプと同じであるが、特に精製して作られる。原料には、現在では広葉樹が多く使われている。 | 化学的に高度に精製したパルプで、繊維素の純度を高めるため長時間かけて蒸解・精選する。主として薬品に溶解して使用し、レーヨンなどの化学繊維、セロファン、セルローズ誘導体などの主原料となる。 |
| 製紙用パルプ | 化学パルプ | サルファイトパルプ（SP） | | 酸性亜硫酸法によって製造されたパルプで、蒸解薬品には硫黄から発生させた亜硫酸ガスと、石灰石を化学反応させて作った重亜硫酸石灰液を使用する（カルシウムベース）。現在は石灰に代えてナトリウム、マグネシウムなどが多く使われる。 | 主として針葉樹チップを原料として製造される。精製および漂白が容易で、1930年頃までは化学パルプの主流を占め、新聞用紙、印刷用紙、晒包装用紙などに広く用いられていたが、クラフトパルプに比較して強度が低いため、クラフトパルプの製造技術、特に漂白技術が進歩するにつれて、その地位をクラフトパルプに譲った。 |
| | | クラフトパルプ（KP） | | 硫酸塩法パルプとも呼ばれる。針葉樹、広葉樹のチップを釜に入れ、これに硫酸ソーダより生成した硫化ソーダおよび苛性ソーダの混合液を注入し約160℃で3時間ほど蒸解する。アルカリ性薬品で製造したパルプで、蒸解方式には連続式とバッチ式があるが、前者が主流。蒸解廃液（黒液）は濃縮して回収ボイラーで燃焼させ、薬品を回収して再利用するとともに、蒸気を発生させて蒸解・抄紙などの工程に供給している。 | クラフト法は、針葉樹・広葉樹を問わず広い範囲の樹種からパルプを製造することができ、強度の高いパルプが得られる。 |
| | | | 未晒（UKP） | | 未晒で使用する用途は特にパルプ強度が要求されるため、主として針葉樹のチップが原料に用いられる。重袋用クラフト紙、クラフトライナーなどの原料に使用される。 |
| | | | 晒（BKP） | UKPを漂白したパルプ。晒薬品には塩素、苛性ソーダ、二酸化塩素などを使用する。最近は環境対策上、塩素を一部酸素に置き換えた酸素漂白が普及してきた。 | 全パルプ生産量の60％以上を占め、上質紙の主原料として使用されるほか、新聞用紙、中・下級紙にも配合される。 |
| | その他パルプ | | | ワラ、麻、コットンリンターなどの木材以外から作ったパルプ。粕パルプも含む。（非木材パルプ） | 主として特殊印刷用紙や工業用雑種紙の原料として使われる。 |
| | 半化学パルプ | セミケミカルパルプ（SCP） | | 原木（丸太）またはチップを苛性ソーダ、亜硫酸ソーダなどの薬品で処理した後に、リファイナーによる機械処理で繊維をほぐして作ったもの。 | 歩留りも品質も、化学パルプと機械パルプの中間といえる。SCPは主として中芯原紙に、CGPは主として新聞用紙に使用されてきたが、原料として古紙の利用が増加するにつれて次第にこれと置き換えられてきている。 |
| | | ケミグラウンドパルプ（CGP） | | 薬品処理の程度が大きく、機械処理の程度が少ないものがSCP、これと反対のものがCGPである。 | |
| | 機械パルプ | 砕木パルプ（GP） | | 針葉樹の原木（丸太）をグラインダー（回転する円筒形の砥石）に押しつけて機械的に磨砕して作る下級パルプ。リグニンなどの非繊維分を多量に含むので歩留りは良い。 | 機械パルプは、機械処理により繊維・リグニンの大半をパルプ化するので歩留りはよいが、パルプ白色度・強度が化学パルプに比較して劣ることが欠点である。新聞用紙、中・下級紙の主原料として用いられる。1950年代まではGPが主体だったが、GPには丸太しか使えないため、チップを原料とするRGP、TMPが開発された。TMPはリファイニングの前に予熱することによって繊維強度を高める効果があるが、さらに薬品で前処理してパルプ品質の改善を図ったものがCTMPである。またPGWは加圧下で丸太を磨砕し、GPの品質改良（主として強度アップ）を図ったもの。 |
| | | リファイナーグラウンドパルプ（RGP） | | 砕木機を使用せずにリファイナーだけでチップあるいはノコギリ屑を磨砕して作ったもの。 | |
| | | サーモメカニカルパルプ（TMP） | | チップを130℃前後に予熱して軟化させてから、リファイナーで磨砕して作ったもの。 | |

# 古紙の統計分類と主要銘柄

（公財）古紙再生促進センター　制定：1979年3月、最終改訂：2016年5月

| 統計分類 | No. | 主要銘柄 | 内容 |
|---|---|---|---|
| 上白カード | 1 | 上白 | 製本・印刷工場、断裁所などより発生する印刷のない白色上質紙の裁落および損紙 |
| | 2 | クリーム上白 | 製本・印刷工場、断裁所などより発生する印刷のないクリーム色上質紙の裁落および損紙 |
| | 3 | 罫白 | 製本・印刷工場、断裁所などより発生する白色またはクリーム色上質紙の青罫・トンボのある裁落および損紙 |
| 特白 中白 白マニラ | 4 | 特白 | 製本・印刷工場、新聞社などより発生する印刷のない中質紙の裁落および損紙 |
| | 5 | 中白 | 製本・印刷工場、新聞社などより発生する印刷のない更紙の裁落および損紙 |
| 模造・色上 | 6 | 模造 | 墨印刷のある上質紙 |
| | 7 | 色上 | 色刷りのある上質紙で、アート紙も含む |
| | 8 | ケント | 製本・印刷工場などより発生する一部色刷りのある上質紙およびアート紙の裁落 |
| | 9 | 白アート | 製本・印刷工場などより発生する印刷のないアート紙の裁落および損紙 |
| | 10 | チラシ | 色刷りのある中質系コート紙など |
| | 11 | 飲料用パック | 家庭などより発生する飲料用紙パックならびに紙パックの印刷・加工段階で発生する裁落および損紙（アルミ付き紙パックを除く） |
| | 12 | オフィスペーパー | オフィスより発生する紙および紙製品で、主として製本していないバラの墨印刷・色刷りのある印刷物、使用済みのコピー用紙を含んでいるもの |
| 切付 中更反古 | 13 | 特上切 | 製本・印刷工場などより発生する色刷りのある中質紙の裁落 |
| | 14 | 別上切（マンガサイラク） | 製本・印刷工場などより発生する色刷りのある更紙の裁落 |
| | 15 | 中質反古 | 製本・印刷工場などより発生する印刷・色刷りのある中質紙、更紙の損紙 |
| 新聞 | 16 | 新聞 | 家庭、会社および官公庁などより発生する新聞（折込チラシを含む）および残紙 |
| 雑誌 | 17 | 雑誌 | 家庭、会社および官公庁などより発生する雑誌、書籍および返本・残本（印刷冊子を含む）、取扱説明書、小冊子（パンフレット、カタログ、案内書など本の形をしたもの）を加えた「綴じられたもの」 |
| 茶模造紙（洋段を含む） | 18 | 切茶 / 無地茶 | 製袋工場などより発生する印刷・色刷りのない製袋および封筒のクラフト紙の裁落（切茶）および損紙（無地茶） |
| | 19 | 雑袋 | 米麦袋などのクラフト紙の空袋 |
| | 20 | クラフト段ボール | クラフト段ボールの裁落および回収されたクラフト段ボール箱（主に輸入品）、板紙マルチパックなど |
| 段ボール | 21 | 段ボール | 段ボール・紙器工場、市中などより発生する段ボール |
| | 22 | 新段ボール | 製函工場より発生する段ボールの裁落および損紙 |
| 台紙 地券 ボール 込新 | 23 | ワンプ | 紙・板紙の包装紙 |
| | 24 | 上台紙（地券） | 紙器工場などより発生する白板紙、チップボールなどの裁落および打抜き |
| | 25 | 台紙（ボール） | 事業所などより発生する使用済み紙箱 |
| | 26 | 雑がみ | 家庭より発生する紙・板紙およびその製品で、新聞・雑誌・段ボール・飲料用パック以外の区分で回収されたもの |

# 紙・板紙内需の実績推移と見通し

単位：千 t、%：対前年増減率

| 品種 | 2013 年 | 2014 年 | 2015 年 | 2016 年 | 2017 年 | 2018 年 | 2019 年 | 2020 年 |
|---|---|---|---|---|---|---|---|---|
| 新聞用紙 | 3,247 | 3,181 | 3,033 | 2,926 | 2,777 | 2,609 | 2,409 | 2,099 |
| 非塗工印刷用紙 | 2,301 | 2,230 | 2,125 | 2,091 | 2,031 | 1,912 | 1,834 | 1,590 |
| 塗工印刷用紙 | 5,391 | 5,170 | 4,954 | 4,743 | 4,598 | 4,296 | 4,090 | 3,203 |
| 情報用紙 | 1,839 | 1,831 | 1,813 | 1,836 | 1,805 | 1,811 | 1,793 | 1,598 |
| 印刷・情報用紙 | 9,531 | 9,231 | 8,893 | 8,670 | 8,434 | 8,019 | 7,717 | 6,390 |
| 未晒包装紙 | 492 | 496 | 471 | 468 | 469 | 474 | 463 | 413 |
| 晒包装紙 | 269 | 269 | 258 | 249 | 245 | 249 | 241 | 199 |
| 包装用紙 | 761 | 766 | 729 | 717 | 714 | 723 | 704 | 612 |
| 衛生用紙 | 1,895 | 1,945 | 1,946 | 1,994 | 1,994 | 1,974 | 2,050 | 2,038 |
| 雑種紙 | 728 | 758 | 747 | 730 | 776 | 744 | 694 | 612 |
| 紙　計 | 16,162 | 15,880 | 15,348 | 15,037 | 14,695 | 14,069 | 13,574 | 11,751 |
| ライナー | 5,276 | 5,330 | 5,336 | 5,431 | 5,553 | 5,614 | 5,531 | 5,327 |
| 中　芯 | 3,501 | 3,547 | 3,549 | 3,590 | 3,652 | 3,700 | 3,636 | 3,491 |
| 段ボール原紙 | 8,788 | 8,877 | 8,884 | 9,022 | 9,205 | 9,314 | 9,167 | 8,818 |
| 白板紙 | 1,901 | 1,858 | 1,838 | 1,856 | 1,884 | 1,886 | 1,825 | 1,659 |
| 黄チップ・色板 | 144 | 146 | 145 | 143 | 142 | 143 | 135 | 116 |
| 紙器用板紙 | 2,046 | 2,004 | 1,983 | 1,999 | 2,026 | 2,029 | 1,960 | 1,775 |
| その他の板紙 | 669 | 674 | 650 | 644 | 661 | 682 | 658 | 597 |
| 板　紙　計 | 11,503 | 11,555 | 11,517 | 11,665 | 11,892 | 12,025 | 11,785 | 11,190 |
| 紙・板紙合計 | 27,665 | 27,434 | 26,866 | 26,702 | 26,587 | 26,094 | 25,359 | 22,941 |

| 品種 | 2021 年実績 | | 2022 年実績 | | 2023 年見込み | | 2024 年見通し | |
|---|---|---|---|---|---|---|---|---|
| | | 前年比 | | 前年比 | | 前年比 | | 前年比 |
| 新聞用紙 | 2,001 | △ 4.7% | 1,864 | △ 6.9% | 1,681 | △ 9.8% | 1,535 | △ 8.8% |
| 非塗工印刷用紙 | 1,582 | △ 0.5% | 1,513 | △ 4.4% | 1,354 | △ 10.5% | 1,232 | △ 9.0% |
| 塗工印刷用紙 | 3,242 | +1.2% | 3,074 | △ 5.2% | 2,788 | △ 9.3% | 2,535 | △ 9.1% |
| 情報用紙 | 1,562 | △ 2.3% | 1,535 | △ 1.7% | 1,457 | △ 5.1% | 1,369 | △ 6.1% |
| 印刷・情報用紙 | 6,386 | △ 0.1% | 6,122 | △ 4.1% | 5,598 | △ 8.6% | 5,136 | △ 8.3% |
| 未晒包装紙 | 454 | +9.9% | | | | | | |
| 晒包装紙 | 207 | +4.0% | | | | | | |
| 包装用紙* | 662 | +8.2% | 687 | +3.7% | 625 | △ 9.0% | 613 | △ 1.9% |
| 衛生用紙 | 2,015 | △ 1.1% | 2,087 | +3.6% | 2,048 | △ 1.9% | 1,996 | △ 2.5% |
| 雑種紙 | 629 | +2.7% | 603 | △ 4.1% | 539 | △ 10.6% | 533 | △ 1.1% |
| 紙　計 | 11,693 | △ 0.5% | 11,363 | △ 2.8% | 10,491 | △ 7.7% | 9,813 | △ 6.5% |
| ライナー | 5,523 | +3.7% | 5,545 | +0.4% | 5,325 | △ 4.0% | 5,336 | +0.2% |
| 中　芯 | 3,621 | +3.7% | 3,624 | +0.1% | 3,477 | △ 4.1% | 3,484 | +0.2% |
| 段ボール原紙 | 9,143 | +3.7% | 9,169 | +0.3% | 8,802 | △ 4.0% | 8,819 | +0.2% |
| 白板紙 | 1,715 | +3.4% | 1,760 | +2.6% | 1,658 | △ 5.8% | 1,648 | △ 0.6% |
| 黄チップ・色板 | 123 | +6.0% | 125 | +1.6% | 115 | △ 8.0% | 112 | △ 2.6% |
| 紙器用板紙 | 1,838 | +3.5% | 1,885 | +2.5% | 1,773 | △ 5.9% | 1,760 | △ 0.7% |
| その他の板紙 | 630 | +5.5% | 632 | +0.3% | 583 | △ 7.8% | 576 | △ 1.2% |
| 板　紙　計 | 11,611 | +3.8% | 11,686 | +0.6% | 11,158 | △ 4.5% | 11,155 | △ 0.0% |
| 紙・板紙合計 | 23,305 | +1.6% | 23,050 | △ 1.1% | 21,649 | △ 6.1% | 20,968 | △ 3.1% |
| グラフィック用紙 | 8,388 | △ 1.2% | 7,986 | △ 4.8% | 7,279 | △ 8.9% | 6,671 | △ 8.4% |
| パッケージ用紙 | 12,902 | +3.9% | 12,976 | +0.6% | 12,322 | △ 5.0% | 12,301 | △ 0.2% |

＊包装用紙の区分は 2022 年以降なくなった。　資料：日本製紙連合会が各年１月に発表

## 紙類輸出入と貿易バランスの推移

単位：千t、億円

| 項目 | 2016年 数量 | 2016年 金額 | 2017年 数量 | 2017年 金額 | 2018年 数量 | 2018年 金額 | 2019年 数量 | 2019年 金額 |
|---|---|---|---|---|---|---|---|---|
| 【輸出】（E） | | | | | | | | |
| 紙 | 1,116 | 1,132 | 1,179 | 1,246 | 1,395 | 1,498 | 1,066 | 1,199 |
| 板紙 | 437 | 231 | 624 | 347 | 625 | 367 | 547 | 302 |
| 小計<注> | 1,553 | 1,365 | 1,803 | 1,595 | 2,020 | 1,867 | 1,617 | 1,511 |
| 加工紙ほか | 222 | 918 | 227 | 946 | 224 | 922 | 195 | 815 |
| 紙類合計 | 1,776 | 2,283 | 2,031 | 2,542 | 2,244 | 2,789 | 1,811 | 2,325 |
| 【輸入】（I） | | | | | | | | |
| 紙 | 1,060 | 1,044 | 1,033 | 1,002 | 757 | 818 | 1,057 | 1,099 |
| 板紙 | 323 | 324 | 314 | 299 | 313 | 306 | 311 | 306 |
| 小計<注> | 1,384 | 1,382 | 1,349 | 1,314 | 1,071 | 1,138 | 1,369 | 1,419 |
| 加工紙ほか | 280 | 591 | 279 | 599 | 267 | 585 | 241 | 536 |
| 紙類合計 | 1,665 | 1,973 | 1,628 | 1,913 | 1,338 | 1,723 | 1,610 | 1,955 |
| 【輸出入バランス】（E-I） | | | | | | | | |
| 紙 | 56 | 89 | 146 | 245 | +638 | +679 | +9 | +100 |
| 板紙 | 114 | △ 93 | 310 | 48 | +311 | +61 | +236 | △ 4 |
| 小計<注> | 169 | △ 17 | 455 | 281 | +949 | +729 | +248 | +91 |
| 加工紙ほか | △ 58 | 327 | △ 52 | 348 | △ 42 | +338 | △ 47 | +279 |
| 紙類合計 | 111 | 310 | 403 | 629 | +906 | +1,067 | +201 | +370 |

【平均為替レート】

| 円／米ドル | 2016年 輸出 | 2016年 輸入 | 2017年 輸出 | 2017年 輸入 | 2018年 輸出 | 2018年 輸入 | 2019年 輸出 | 2019年 輸入 |
|---|---|---|---|---|---|---|---|---|
| 円／米ドル | 108.65 | 108.80 | 108.65 | 108.80 | 110.27 | 110.37 | 109.02 | 109.05 |

| 項目 | 2020年 数量 | 2020年 金額 | 2021年 数量 | 2021年 金額 | 2022年 数量 | 2022年 金額 | 2023年 数量 | 2023年 金額 |
|---|---|---|---|---|---|---|---|---|
| 【輸出】（E） | | | | | | | | |
| 紙 | 922 | 990 | 1,065 | 1,225 | 997 | 1,445 | 872 | 1,349 |
| 板紙 | 958 | 425 | 1,115 | 636 | 1,131 | 773 | 860 | 549 |
| 小計<注> | 1,885 | 1,429 | 2,195 | 1,893 | 2,139 | 2,246 | 1,748 | 1,939 |
| 加工紙ほか | 160 | 687 | 175 | 813 | 176 | 876 | 128 | 752 |
| 紙類合計 | 2,045 | 2,116 | 2,371 | 2,706 | 2,315 | 3,123 | 1,876 | 2,692 |
| 【輸入】（I） | | | | | | | | |
| 紙 | 738 | 781 | 756 | 810 | 616 | 800 | 573 | 889 |
| 板紙 | 280 | 278 | 285 | 303 | 294 | 376 | 240 | 368 |
| 小計<注> | 1,018 | 1,069 | 1,043 | 1,125 | 911 | 1,190 | 814 | 1,270 |
| 加工紙ほか | 243 | 508 | 226 | 531 | 230 | 655 | 230 | 655 |
| 紙類合計 | 1,261 | 1,576 | 1,269 | 1,655 | 1,141 | 1,845 | 1,005 | 1,919 |
| 【輸出入バランス】（E-I） | | | | | | | | |
| 紙 | +184 | +209 | +308 | +415 | +380 | +645 | +299 | +459 |
| 板紙 | +678 | +146 | +830 | +334 | +837 | +397 | +619 | +181 |
| 小計<注> | +867 | +360 | +1,152 | +769 | +1,228 | +1,056 | +934 | +669 |
| 加工紙ほか | △ 83 | +180 | △ 50 | +282 | △ 54 | +221 | △ 102 | +97 |
| 紙類合計 | +784 | +540 | +1,102 | +1,051 | +1,174 | +1,277 | +871 | +772 |

【平均為替レート】

| 円／米ドル | 2020年 輸出 | 2020年 輸入 | 2021年 輸出 | 2021年 輸入 | 2022年 輸出 | 2022年 輸入 | 2023年 輸出 | 2023年 輸入 |
|---|---|---|---|---|---|---|---|---|
| 円／米ドル | 106.88 | 106.99 | 109.54 | 109.60 | 130.64 | 130.91 | 140.80 | 140.46 |

注）紙・板紙の小計には手すきの紙・板紙が含まれる。

資料：日本紙類輸出組合、日本紙類輸入組合

## 紙・板紙平均単価の推移

単位：円 /kg

| 品種 | 2018 年 | 2019 年 | 2020 年 | 2021 年 | 2022 年 | 2023 年 | 23/18 | 23-18 |
|---|---|---|---|---|---|---|---|---|
| 紙 合 計 | 121.4 | 128.1 | 130.6 | 130.0 | 138.1 | 164.5 | 35.5% | +43.1 |
| 新聞巻取紙 | 106.8 | 110.1 | 112.5 | 112.0 | 111.2 | 135.1 | 26.4% | +28.3 |
| 印刷・情報用紙 | 103.7 | 111.0 | 111.3 | 110.3 | 120.0 | 142.1 | 37.0% | +38.4 |
| 非塗工印刷用紙 | 100.7 | 107.4 | 108.6 | 107.9 | 115.1 | 139.7 | 38.8% | +39.0 |
| 微塗工印刷用紙 | 91.4 | 100.1 | 101.2 | 99.9 | 107.7 | 133.2 | 45.8% | +41.9 |
| 塗工印刷用紙 | 97.5 | 105.3 | 103.3 | 101.9 | 112.6 | 132.8 | 36.1% | +35.2 |
| 特殊印刷用紙 | 228.0 | 233.6 | 238.7 | 239.9 | 239.7 | 263.4 | 15.5% | +35.4 |
| 情報用紙 | 115.2 | 119.1 | 120.2 | 119.5 | 124.4 | 152.1 | 32.0% | +36.9 |
| 包装用紙 | 110.9 | 114.8 | 110.7 | 111.4 | 123.0 | 143.4 | 29.3% | +32.5 |
| 未晒包装紙 | 101.2 | 105.1 | 101.1 | 102.2 | 113.3 | 132.2 | 30.5% | +30.9 |
| 晒包装紙 | 128.5 | 133.7 | 131.0 | 130.9 | 142.8 | 167.1 | 30.0% | +38.6 |
| 衛生用紙 | 178.2 | 183.2 | 182.7 | 181.8 | 197.7 | 224.4 | 26.0% | +46.3 |
| ティシュ | 196.7 | 207.7 | 207.3 | 204.8 | 260.1 | 273.1 | 38.8% | +76.4 |
| トイレットペーパー | 165.9 | 169.8 | 169.6 | 167.9 | 191.7 | 200.4 | 20.8% | +34.5 |
| タオル用紙 | 178.2 | 182.1 | 186.0 | 186.5 | 207.5 | 232.9 | 30.7% | +54.7 |
| その他衛生用紙 | 232.8 | 233.2 | 225.5 | 230.0 | 254.0 | 285.1 | 22.5% | +52.3 |
| 雑 種 紙 | 234.4 | 234.5 | 247.7 | 248.8 | 276.8 | 302.0 | 28.8% | +67.6 |
| 工業用雑種紙 | 217.5 | 216.2 | 228.9 | 231.5 | 259.7 | 282.9 | 30.0% | +65.3 |
| 家庭用雑種紙 | 505.5 | 520.0 | 505.7 | 506.5 | 529.2 | 556.9 | 10.2% | +51.4 |
| 板 紙 合 計 | 70.5 | 74.5 | 71.8 | 72.0 | 80.3 | 90.7 | 28.6% | +20.2 |
| 段ボール原紙 | 62.5 | 67.2 | 65.0 | 64.7 | 73.4 | 83.3 | 33.4% | +20.8 |
| ライナー | 65.1 | 69.8 | 67.8 | 67.7 | 76.6 | 86.4 | 32.7% | +21.3 |
| 中芯原紙 | 58.4 | 63.2 | 60.5 | 60.0 | 68.4 | 78.4 | 34.3% | +20.0 |
| 紙器用板紙 | 108.8 | 110.3 | 109.4 | 110.0 | 115.8 | 128.8 | 18.5% | +20.1 |
| 白板紙 | 110.5 | 111.7 | 110.6 | 111.3 | 116.9 | 129.6 | 17.3% | +19.1 |
| 黄・チップ・色板紙 | 90.2 | 94.9 | 95.7 | 94.4 | 103.2 | 119.2 | 32.2% | +29.0 |
| 雑 板 紙 | 92.3 | 93.0 | 93.0 | 93.9 | 100.2 | 109.2 | 18.3% | +16.9 |
| 建材原紙 | 71.0 | 72.9 | 73.6 | 73.0 | 74.1 | 77.7 | 9.5% | +6.7 |
| 紙管原紙 | 75.0 | 75.5 | 73.9 | 73.2 | 81.3 | 95.9 | 27.8% | +20.9 |
| その他板紙 | 158.0 | 165.3 | 164.0 | 168.0 | 181.3 | 195.8 | 23.9% | +37.7 |

資料：経済産業省「生産動態統計」年報・月報

# 知っておきたい
# 〜紙パルプ関連企業

# 知っておきたい紙パルプ関連企業

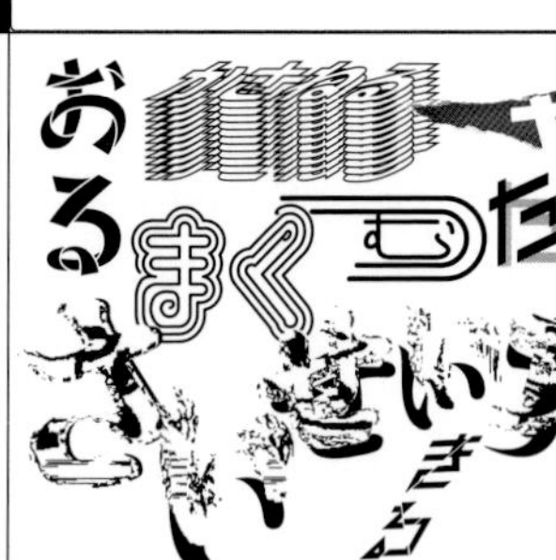

# 知っておきたい紙パルプ関連企業

## 興亜工業株式会社

**段ボール原紙・更紙・ペーパータオル原紙**

https://www.koa-kogyo.co.jp/

本　　社　〒417-0847 静岡県富士市比奈1286-2
TEL：0545-38-0123(代表)　Fax：0545-38-1167

東京営業所　〒101-0052 東京都千代田区神田小川町1-7 小川町メセナビル7F
TEL：03-5280-2301(代表)　Fax：03-5280-2307

名古屋営業所　〒460-0003 名古屋市中区錦2-2-2 名古屋丸紅ビル12F
TEL：052-218-0844(代表)　Fax：052-201-5040

**富士のふもとで**
**パルプから紙までの一貫生産**

**RENGO GROUP**

## 大興製紙株式会社

TAIKO PAPER MFG.,LTD

〒416-0942 静岡県富士市上横割10番地
電話(0545)61-2500 FAX:(0545)61-2513

特殊加工紙及び最高級塗工紙の

## 五條製紙株式会社

GOJO PAPER MFG.CO.,LTD.

**ISO14001認証取得**
**ADRESS:富士市原田451-1**
**TEL:0545-57-1111(代表)**
**FAX:0545-57-1130(代表)**

五條製紙　検索

HomePage
Facebook

**www.gojo.co.jp**

にっぽんの暮ら紙
JAPANESE LIFE PAPER

**JPコアレックスホールディングス株式会社**

**コアレックス信栄株式会社**

静岡県富士市中之郷575-1 TEL:0545-56-2513

**www.corelex.jp**

ものを大切にする心
CHERISH THINGS WITH ALL YOUR HEART

## 丸富製紙株式会社

〒417-0847 静岡県富士市比奈678 TEL.0545-38-0103
http://www.marutomi-seishi.co.jp

# IDE VISION

素材開発・商品開発・物流開発をめざしている会社です

## イデシギョー株式会社

〒417-0033 静岡県富士市島田町2丁目198番地
TEL.0545-51-1003(代)
http://www.ideshigyo.co.jp

イデシギョーグループ

イデホールディングカンパニー株式会社　ニットク株式会社
ジャパンロジスティックス株式会社　ジェーワイシー株式会社
イデワコー株式会社　イデサンコー株式会社
イズミコーポレーション株式会社　株式会社アイディーティー
IDE INTERNATIONAL CO.,LTD（ベトナム）
大一紙工株式会社　日本濾過工業株式会社
オリエンタル紙業株式会社　カミングネット株式会社
株式会社九州紙工　イデペーパーコンバーティング株式会社
株式会社DNコーポレーション

## 知っておきたい紙パルプ関連企業

考えています
資源のこと　地球の未来を

市販クラフトパルプ製造・販売

**兵庫パルプ工業株式会社**

代表取締役　井　川　健　三

〒669-3131　兵庫県丹波市山南町谷川858番地
TEL　0795-77-1081
FAX　0795-77-2591

DAIWA ITAGAMI
TOKYO OFFICE
2024

DAIWA ITAGAMI

PAPER
NEW WAVE

医療介護の明るい未来へ
支援いたします

医療介護♡衛　生　紙
医療介護♡衛生不織布
Medical Care ✚ Product
大富士製紙株式会社

**三木特種製紙株式会社**

代表取締役社長　三　木　雅　人

〒799-0101　愛媛県四国中央市川之江町 156
電話（0896)58-3373
URL：https://mikitoku.co.jp

私たちはビジネスパートナーの皆様の
頼れる水先案内人として、
「紙」と、その先を見据えた明日へ航行してまいります。

日本紙パルプ商事グループ

www.kamipa.co.jp/

紙でつなぐ、未来をつくる

国際紙パルプ商事株式会社
KOKUSAI PULP&PAPER CO.,LTD.
国際紙パルプ

## 知っておきたい紙パルプ関連企業

# 知っておきたい紙パルプ関連企業

# 知っておきたい紙パルプ関連企業

# 知っておきたい紙パルプ関連企業

地球とともに。
Kasuga

https://www.kasuga.co.jp

**春日製紙工業株式会社**

〒417-8503　静岡県富士市比奈760-1
TEL：0545-34-1000
FAX：0545-34-3751

---

*紙のリサイクル工場*

出版印刷用紙　　中芯原紙

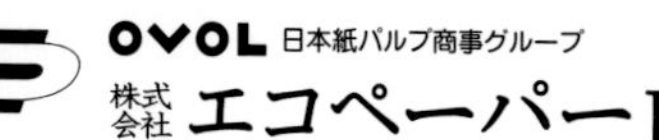



代表取締役社長　堀田　豊

〒488−0031　愛知県尾張旭市晴丘町東82番地1
☎(0561)53−3315　Fax (0561)53−3362

---

ISO14001 取得　製紙原料

**株式会社　鈴剛**

代表取締役　鈴木滋敏

本社　静岡県富士市元町 10-1
電話 (0545)61-4021　FAX(0545)61-4023
長野営業所　長野県長野市青木島町綱島 751-34
電話 (026)285-3300　FAX(026)284-8448

http://suzugou.jp/

---

**中央紙通商株式会社**
Central Paper Trading Corporation

本　　社　〒460-0002　名古屋市中区丸の内2丁目1番36号
NUP・フジサワ丸の内ビル6F
電　話〈052〉(307)5009
ＦＡＸ〈052〉(307)5015

東京支店　〒101-0047　東京都千代田区内神田1丁目15番2号
神田オーシャンビル5F
電　話〈03〉(6700)4720
ＦＡＸ〈03〉(6700)4075

---

紙・包材・LEDの
**株式会社アクアス**

〒460-0008　名古屋市中区栄一丁目25番35号
紙営業本部 (052)220-5511　包材営業部 (052)220-5507
開発営業部 (052)220-5518　管　理　部 (052)220-5571
U.R.L. https://www.axuas.jp ／ E-mail info@axuas.jp

---

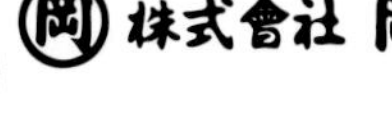

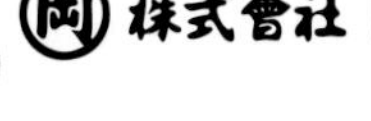

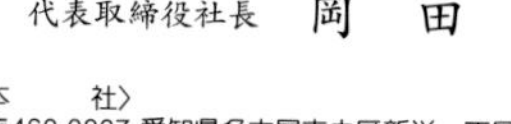



紙の総合商社
**株式會社　岡田**

代表取締役社長　岡田光弘

〈本　　社〉
〒460-0007 愛知県名古屋市中区新栄一丁目13番12号
TEL(052)241-9291　FAX(052)241-9277
〈東京営業所〉
〒101-0054 東京都千代田区神田錦町一丁目8番地 OPビル5階
TEL(03)5217-1501　FAX(03)3233-0101
HP: http：//www.okada-paper.co.jp

---

まごころプラス
紙ぷらす

代表取締役社長　若林啓介

〒930-0048　富山市白銀町2-5　TEL.076-423-1148
https://kamiplus.co.jp/

---

nakashima
**株式会社 中島商店**

本社
〒920-0906　金沢市十間町 8-1
TEL 076-261-8281(代)　FAX 076-221-9225

## 知っておきたい紙パルプ関連企業

## 知っておきたい紙パルプ関連企業

# 知っておきたい紙パルプ関連企業

## 伯東株式会社

ケミカルソリューションカンパニー

本　　社　〒160-8910
東京都新宿区新宿一丁目1番13号
TEL:03-3225-8910　FAX:03-3225-9001

技術・生産本部 四日市工場　〒510-0007
三重県四日市市別名6-5-7
TEL:059-331-8357　FAX:059-331-8361

技術・生産本部 四日市研究所　〒510-0007
三重県四日市市別名6-6-9
TEL:059-334-1200　FAX:059-334-1214

https://www.hakuto.co.jp

---

自然環境を見つめ、新剤開発に挑戦します。

スライムコントロール剤・防腐剤
防黴剤・工程洗浄殺菌剤・スケール除去剤

## ケイ・アイ化成株式会社

〒437-1213　静岡県磐田市塩新田328
本社・工場　TEL　0538-58-1000　FAX　0538-58-1263
テクニカルセンター　TEL　0538-58-0382　FAX　0538-58-1859
東京事務所　〒110-0008　東京都台東区池之端1-4-26クミアイ化学工業ビル7階
TEL　03-5834-8499　FAX　03-5834-8447
ホームページ　http://www.ki-chemical.co.jp

---

---

紙パルプ産業とともに未来を創る

## MGC

過酸化水素
ハイドロサルファイト

## 三菱ガス化学株式会社

本社　東京都千代田区丸の内2-5-2　TEL.03-3283-4755

---

紙パルプ機械・資材・機器販売

## 株式会社 日東商会

〒103-0025 東京都中央区日本橋茅場町3-10-2 SKKビル2F
本　　社 電話(03)3666-1605(代)　FAX(03)3666-1958
電話(03)5847-1220(営業)
静岡営業所 電話(0545)52-2376　FAX(0545)52-9261
北海道営業所 電話(0123)23-7261　FAX(0123)23-7262

https://www.nittoshokai.com

---

各種工業用機材一般・工業薬品
ISO 14001 認証取得

## 赤武株式会社

〒410-0303　静岡県沼津市西椎路14番地
TEL〈055〉(967)3333代表
営業所　東京・静岡

---

省力化機械設計製作

## 田中技研株式会社

代表取締役社長　平森　雄一

〒417-0061　静岡県富士市伝法402-7
TEL 0545-21-1558　FAX 0545-21-6510
https://www.tmp-tanaka.jp

---

— プロスパー —
シャトルシリンダー　(シャワー摺動装置)
フォールウォッシャー　(紙料洗浄機, 繊維回収装置)
ダストトレーター　(リジェクト処理機)
スピンクリン　(水処理 ディスクフィルター)

## SAKAE 栄工機株式会社

〒417-0862　静岡県富士市石坂88－1
TEL〈0545〉(51)3540代表
FAX〈0545〉(53)1110
E-mail:prosper@wonder.ocn.ne.jp

# 掲載広告索引 （社名50音順）

知っておきたい紙パの実際　2024/25

2024年6月5日発行　　価格 2,200円 本体 2,000円

発行人　髙　橋　彰　司

発行所　紙業タイムス社

東京都中央区日本橋人形町2－15－7

〒103-0013

TEL 03-5651-7175 代表　FAX 03-5651-7230

URL　http://www.st-times.co.jp

E-mail　info@st-times.co.jp

印刷所　DI Palette

乱丁・落丁本はお取替えします

ISBN978-4-904844-46-5　C3060　Y2000E